Storage, Family & Life

林姓主婦的家務事 3

通體舒暢的順手感．家收納

打通收納邏輯＋翻轉裝修觀念＋省力家事心法

林姓主婦——著

suncolor
三采文化

PROLOGUE

作者序

一切都是從家開始

如果以為林姓主婦本性就是個拘謹、勤奮於整理打掃的人，那真是天大的誤會，我現在的生活方式，可是害我身邊眾多親朋好友跌破一堆眼鏡。

我到現在還記得，國小被媽媽叫去曬衣服時，我會在陽台氣到邊曬邊哭，覺得恨死這一切了；童年時期的房間，椅背上總掛滿一堆衣服，總要堆到椅子快倒了，我才會把衣服移去床上，不然危險（不是應該放進衣櫃嘛）；大學畢業後，住在阿北家的那幾年，阿北有時進我房間都會忍不住眉頭深鎖叫我整理一下。

總之，以前的我雖然還不到邋遢成性的地步，但也稱不上整潔愛乾淨，總能在「有點亂又不會太亂」的微妙之間逍遙自在，不到最後一刻我是不會輕易出手的。

直到結婚後，我們遇到了一個充滿陽光、明亮開闊的小房子，啟動了我對家庭生活的嚮往，讓我開始學習打理家務、頻繁下廚，也轉移了人生重心。過去看到喜歡的衣服總忍不住想買，現在寧可把錢花在廚具或是居家生活用品；過去會不斷跟朋友嘗試新餐廳，現在寧可約朋友來家裡吃我煮的家常菜；過去假日一有空就想往外跑，現在寧可在家沖杯咖啡、聽聽音樂。現在的我，深刻地感受到人生其實需要的不多，有個舒適宜居的家，從日常瑣事中得到很純粹的滿足，心就踏實了，只是年輕時的我還不明白。

二〇一八年春天，我們一家三口

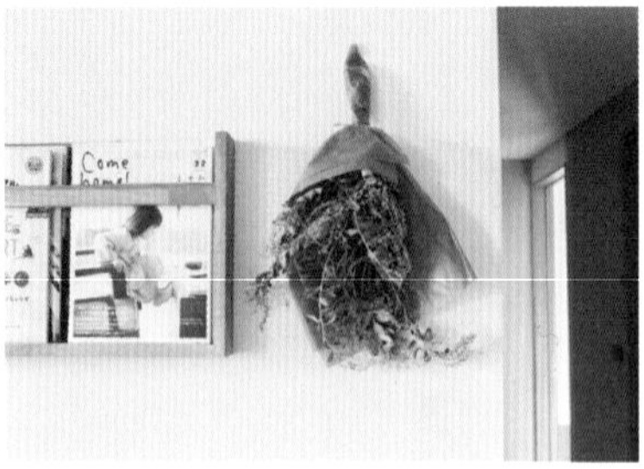

告別了那個溫暖的小房子，搬到空間較為充裕的新家。有著上一個家的經驗，我裝修新家時，沒有請設計師，而是依照一家人的生活習慣與動線，一步步把理想的樣貌拼湊出來。住進新家從一開始的生疏、磨合微調小細節，到現在的怡然自得，我終於可以抬起胸膛說，這是一個非常適合我們生活的空間。沒有華而不實的裝潢，沒有任何不知所云、莫名存在的燈，沒有過多卻無意義的收納櫃，加上符合生活動線的設計，我家的裝修不多，但是恰到好處，讓我非常滿意。

當林姓主婦這三年多來，我很努力分享簡易的家常食譜，鼓勵更多人鼓起勇氣進廚房，因為我相信好好吃飯才能好好生活。而說到生活，**家是花最多時間待著的地方，是讓我們能好好生活的起點**。所以這次，我想從頭說起，分享如何一手打造符合我們一家人需求的家，用最平實、不花大錢的方式，找出令人舒服的生活之道。

本書主要會**分為三個階段來說明**，第一階段想與大家分享我的**整理與收納邏輯**，第二階段是分享**對於家中主要空間的裝修想法**，第三階段則是**塑造居家風格的方法**，以及**維持居家環境的家事小撇步**。希望無論是否有搬家或重新裝修的計畫，這本書都可以讓你用不同角度來理解收納與裝修，讓你們一家人找到更合適的生活方式。

最後，感謝我老公在裝修過程中沒有多問一句，放手讓我自己胡搞瞎搞，成全我的夢想，感謝我的家人一路默默支持，更感謝我兒子，你的笑容與可愛的身影是這個家最棒的點綴，你是我們家的陽光。

HOW TO USE？

本書想告訴你的是……

1

整理與收納的邏輯

第1章　全方位破解收納之謎，才知道自己卡在哪

2

家中主要空間的裝修想法

第2章　一個儲藏室勝過三個儲物櫃，甚至更多！

第3章　用簡單概念設計更衣間、晾衣間，便宜又好用！

第4章　不過度童趣又保有變動彈性的親子宅規劃

3

塑造居家美感的小撇步

第5章　用美感解決使用上的問題，就是好設計！

CONTENT
目錄

第2章

一個儲藏室 勝過三個儲物櫃，甚至更多

第3章

用簡單概念設計更衣間、晾衣間，便宜又好用！

第4章

不過度童趣又保有變動彈性的親子宅規劃

第5章——用美感解決使用上的問題，就是好設計！

F O R E W O R D

前言

發揮主婦懶實力，越懶越要學會的順手感收納！

如果在街頭隨機採訪主婦對於居家收納的看法，可能問題還沒問完，主婦就滿臉困擾，用一種烈日正對她眉心曬的囧臉，坦承自己收納完全不行。假使不放過她，硬要出機到她家實地採訪（幹嘛那麼逼人啦），她用鑰匙打開門前會露出抱歉的神情，告訴主持人，最近有點忙，實在沒空整理，想暗示看了別生氣。

進去之後那場景果然嚇人，雜物四散，檯面無一倖免，囧臉婦人開始跟主持人解釋不是自己喜歡亂，是**家裡收納空間不夠，櫃子太少，東西沒地方收**，家人也不幫忙，婦人越講越理直氣壯，亂成這樣又不是她故意的（拍桌），眉宇之間都霸氣了起來。

主持人聽了心生憐憫，跟婦人說其實這是免費送櫃子的特別企劃呦（助理在一旁拉彩砲），就是要找需要更多櫃子的人。婦人覺得自己根本中樂透，馬上請他們把櫃子做好做滿，想說這下沒問題了，家裡必定煥然一新！

三個月後主持人再次前往囧臉婦人家，想看看這個家的新面貌，沒想到婦人的臉更囧了。原來絲毫沒

有變得更整齊，東西一樣四處放，么壽的是，整個家看起來更窘迫了，因為滿滿的櫃子讓家變好小。

主持人用不可置信的神情看著婦人，她拿著手帕哭了起來，說櫃子裡都有放東西，但不知道為什麼還是慢慢變亂（其實也沒多慢，大概只花一星期，她謙虛了），是不是當時做的櫃子不夠。聽到這句話，林姓主婦抓著婦人的肩膀狂搖（妳哪時冒出來的），跟她說，**問題從來不是櫃子不夠，而是妳沒有理出一套收納的邏輯跟技巧，有效分配、運用儲藏空間。妳所謂的收納說穿了就是把東西找地方塞**，求個眼不見為淨，給妳一卡車的櫃子都不夠用，別傻了！

囧臉婦人似乎被點醒，問怎樣才算會收納呢？林姓主婦激動地在黑板上寫下「**把需要用的東西，找個順手好拿**的地方，用**整齊**的方式收起來」。接著解釋，想收納，先問自己，**為什麼**要費心收納這個東西？要把它**放在哪裡**以後才會好拿又好收？要**如何**收納它才會看來整齊？也就是**Why、Where and How**，用這三個觀點來通盤思考，才能達到最高境界——順手感收納。

囧臉婦人有點明白了，原來自己過去把收納想得太簡單，簡單到毫無章法，才會越收越亂。林姓主婦欣慰地搭著她的肩，告訴她：「跟著我重新開始理解收納吧，別把收納當成艱深的任務，覺得這是太過勤勞的人才會鑽研的事。說個祕密，其實（轉氣音小聲說）（戲很多耶妳沈玉琳喔），**好好收納是為了懶散生活，一旦建立起屬於自己一家的收納邏輯，日子會變得輕鬆**

許多，連整理家務的時間都大幅減少，妳可以的。」聽著這番話，囧臉婦人眉心上的烈日總算移走了。

你也是囧臉婦人嗎？覺得收納就像初戀男友般，讓你有點懂又不是太懂嗎？別擔心，我會用一本書的時間，娓娓道來。

順手感收納的3大黃金原則

WHY WHERE HOW

現代人的生活，是透過各種物品接力為我們服務而獲得便利，適可而止的物品數量，搭配收納得當的習慣，它們會不斷在我們最需要的時候，像春風一樣翩然出現；反之，它們的存在就像廢物，該用的時候不現身，偶爾被你瞄到還嫌它礙眼。

每樣物品都是你花心力特別帶回家的，卻因為不善管理與收納，害它淪落到被嫌棄，想想不覺得它很可憐嗎？它在別人家可能是英雄，但到你家卻變成狗熊啊。

收納是為了能夠持續跟物品保持良好的互動，理解這點，你才會明白收納的真義。所以，務必改變過去任由新舊物品堆積的習性，**無法繼續服務你當下生活的東西就必須放生；收東西不能只求有地方塞，或是每次卯起來整理時，只會把東西排成骨牌再放回原處，這些都是半調子收納**。

徹底明白收納的每個環節，讓東西好拿也好收，你的生活自然也就變輕鬆了！

第一個關卡：Why

你真心需要這個東西嗎？如果不需要了，請狠下心淘汰。

這部分的內心糾葛可參考「斷捨離」相關書籍來舒緩，我就不囉嗦了。這關過不去，家裡被雜物充斥，再怎麼整理都枉然。

第二個關卡：Where

此為本書的最大重點，更是很多人收納時忽略的思考方向。你或許沒發現，在家那種**說不上來的阿雜感，很可能源自於「收納位置」出了錯**。因為東西沒有依照使用習慣，收在符合**動線**的位置，導致每天花很多時間來回走動。而東西不方便拿，用完相對就懶得收回去，間接造成家裡亂七八糟。

因為物品不管三七二十一就塞進櫥櫃，沒有考量過**使用頻率**，導致櫥櫃裡佔著茅坑不拉屎的雜物一大堆，不但看起來亂，東西還難找又難拿。因為同類型的東西沒有妥善**集中收納**，存貨管理一塌糊塗，重複的東西一再買，需要的東西更是經常忘記收哪。

所以，我會分享如何透過「使用動線」、「使用頻率」以及「集中收納」三個大原則，來決定收納位置，進而創造更便利的生活模式，把這些收納邏輯想通了，執行上就一點都不困難，日常的不便可以毫不費力的改善，達到充滿順手感的生活！

第三個關卡：How

找到地方收了，那要用什麼方式、運用什麼道具，才能收得整齊，只要掌握一些小技巧就可以有效改善，本書會不斷藉由實例照片、插畫提供給大家參考。

順手感收納的3大黃金原則

WHY · WHERE · HOW

WHY

你真心需要這個東西嗎？

⬇

斷捨離

WHERE

找出符合動線的收納位置

⬇

使用動線、使用頻率、集中收納
3大重點考量

HOW

掌握收納小技巧

⬇

運用對的道具＋收法

在一切開始之前，先看看
林姓主婦關於斷捨離的十大當頭棒喝！

1 不要費盡心思找地方放垃圾了，對，我說的就是那些東西。

2 你其實沒有那麼喜歡它，我把它藏起來你根本也不會發現毫嗎？

3 浪費錢已經是無法挽救的事實，清掉，才不會連空間都被浪費了。

4 電器的盒子你全留著是要幹嘛啦？告訴我到底什麼時候會想要裝回去。

5 這件洋裝你什麼時候才會穿？它等你變瘦等七年了。

6

朋友送你不喜歡的東西，沒關係啦，轉送或是丟了他也不會知道。

7

你家小孩的玩具會不會有點太多，他根本沒在玩這個跟那個（指）。

8

不要再玩集點活動拿贈品了！我要生氣囉！

9

不要再拿不需要的東西回家了，因為你不需要啊，不然咧！

10

我知道你蒐集這些擺飾是想讓家變美，但結果亂成這樣，你說美在哪？

上面提到的東西快點站起來丟一丟，斷捨離完再回來找我，
我們回頭見（結果等三年你都沒回來）。

第1章——

全方位破解收納之謎，才知道自己卡在哪

如果一整家子收東西的位置都欠思考，後續效應會像流沙般，一點一滴吞掉生活品質。

W H E R E

WHERE

每個考量都有其用意，照著做，你會豁然開朗的！

苦思七七四十九天所提煉出的三大收納考量

決定東西要收哪，是收納裡最不容易的一個關卡，牽一髮而動全身。一個東西沒收對位置事小，但如果全家東西收的位置都有欠思考，那後續效應會像流沙一樣，在你毫無防備之下，一點一滴吞掉你的生活品質。住在這樣的環境，可能會出現以下症頭：

○不覺得自己是個生活習慣特別差的人，但不知為何，從回家那一刻起，就開始把家弄亂，簡直像呼吸一樣自然呢（不要為此感到驕傲！）

○無論煮飯或是做家事，總有種事倍功半的疲憊感，明明沒做什麼大菜卻可以搞掉兩、三個小時，事後的清潔與收拾更是讓人想死。

○對於居家生活瑣事總是忘東忘西，小孩出門必備物品準備老半天還是漏、代辦事項一忙就忘記、該繳的帳單總是過期、要帶給朋友的東西經常沒拿。該買的日常用品不是忘了買，就是重複買。

○反正怎麼收怎麼亂，收再好也是一下就弄亂，那不如積極點，學習跟髒亂的家和平共處吧（躺平滑手機）（這樣不叫積極！）。

○想找的東西找不到，不需要的東西又一直四散在眼前。

邊看邊點頭嗎？沒關係，這不是你的錯，我也一樣懶惰，**越懶惰越要想辦法，把收納的邏輯更明確定義出來**。

為此林姓主婦盤腿打坐，苦思了七七四十九

天，終於把決定收納位置時最重要的三個考量提煉出來，每個考量都有各自的好處，照著做你會覺得豁然開朗許多。

收納位置的三大考量

使用動線 ➡	生活處處感到順手，不費力就能維持整齊。
使用頻率 ➡	儲藏空間利用更有效率，物品好拿又好收。
集中收納 ➡	存貨管理較直覺，東西不再找不到。

第 1 帖

依 使用動線 決定，生活處處感到方便

過去我決定物品收納位置時，總慣性覺得，廚房用品就收在廚房、我跟先生的用品就收在主臥室，後來生了兒子，也一律把他的東西收在他房間。

在經歷生活上種種不便後，我才體悟到不知變通、只會照區域分類收納是不夠的。必須把常用的東西，依照生活習慣，甚至把**有特定使用時機的相關物品集中，再根據使用動線**去重新考量，想想通常是在哪邊使用，直接收在附近，才會順手好拿。

主婦家的實例分享

01 孩子洗澡後所需的物品

過去我兒子的用品都收在他房間，在主臥浴室幫他洗澡前，得先去他房間把東西拿到主臥。有時兒子洗好澡已經放床上，才發現東西有漏，又得讓他包著浴巾等我跑去拿，還真怕他在床上冷到閃尿。

解決方案

搬到新家後，我直接把他洗完澡後需要的東西，如睡衣、內褲、尿布、乳液，用籃子裝好，放在浴室門外的層架上，出來時可以順手拿到，不用多跑一趟小孩房。

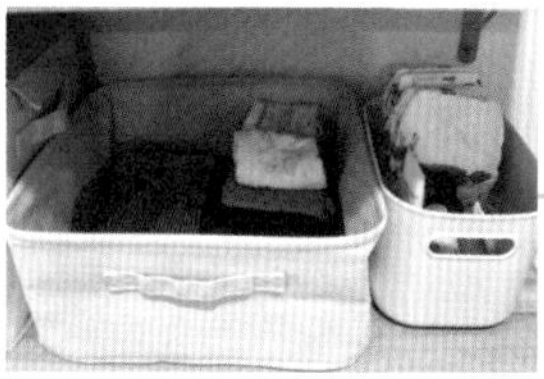

Before 兒子的東西全放在小孩房，忘了一樣就得跑來跑去。

After 現在，把洗澡後需要的物品拉出來，收納成一小籃放在浴室門口，兒子不再冷到閃尿。

02 常用的餐桌物品

吃飯會用到的東西（像是餐具、餐巾紙、常用調味料、小孩吃飯愛配的海苔或香鬆、早餐用的小果醬），以前會收在廚房不同抽屜內，要用的時候得跑來跑去。

解決方案

搬到新家後，我統一放在餐桌旁的收納櫃，需要時隨手就可拿到。

Before 過去收在廚房的不同抽屜內，需要某樣東西就要跑去拿。

After 統一收納在餐桌旁，隨手可拿。

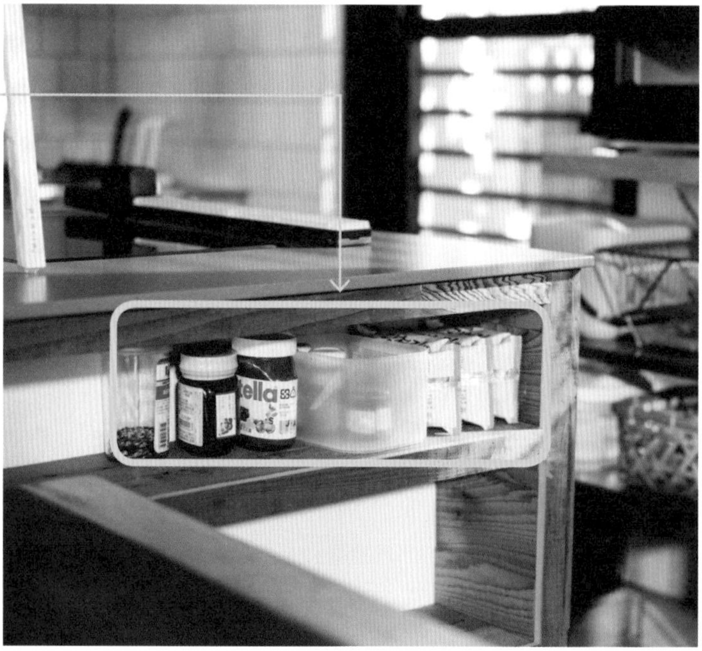

03 孩子的書包跟餐袋

兒子今年夏天開始上學了，一開始，回到家他的書包跟餐袋會掛在玄關掛鉤，但後來發現那樣很不方便，因為當晚我需要把髒衣服跟餐盒拿出來洗，隔天再裝入乾淨的讓他帶去學校，放在玄關我等於要多跑兩趟，對懶惰主婦而言，這兩趟都很浪費時間！

解決方案

我改成掛在廚房中島邊的掛鉤上，離流理臺跟兒子房間近多了，整理書包物資更快搞定。

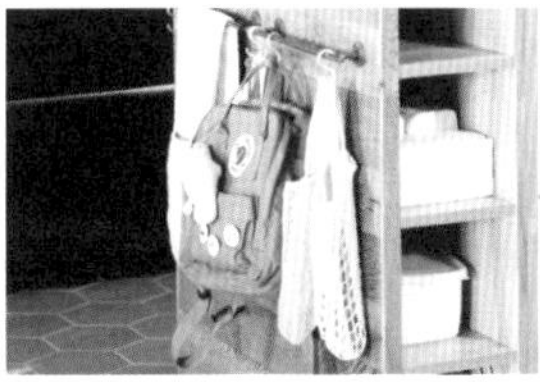

Before　之前都收在玄關，晚上取出，早上放入，要跑兩趟。

After　收在廚房中島邊，順手多了。

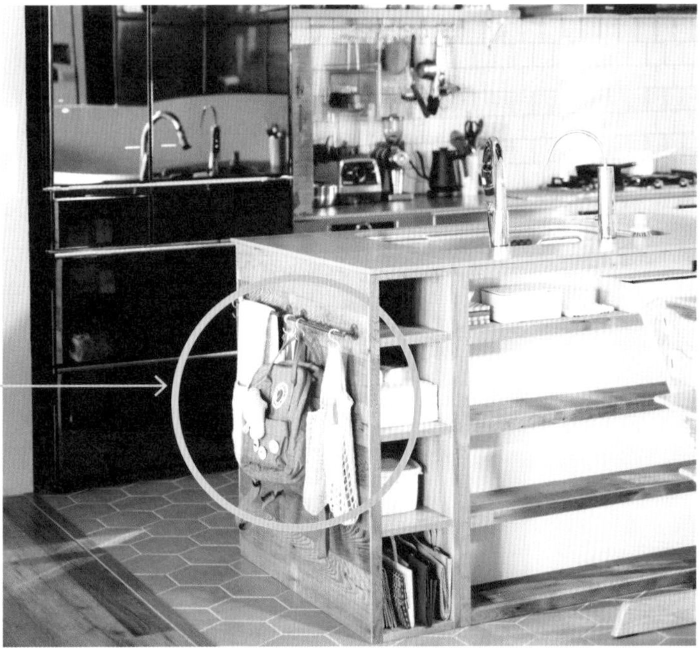

04 先生的鞋刷

幫先生買了鞋刷後，他很直覺地要收在鞋櫃裡，但事實上我們不可能在室內卯起來刷除鞋底髒污，而是會帶到後陽台的工作流理臺，刷下的泥濘才可直接沖掉。

解決方案

我把鞋刷拿去掛在後陽台，刷鞋程序因此更流暢了。

Before 過去直覺收在鞋櫃，但其實不符合使用動線。

After 收在後陽台，可直接取用刷鞋。

05 常用藥品

兒子開始上幼兒園後，小感冒總是比較頻繁些，我自己也開始長期吃中藥調理頭痛（交代很細），沒多久，發現各式藥袋、兒子的感冒藥水開始出現到處放的跡象，擱在餐桌、廚房流理臺等處，不但亂，要吃藥之前還要特別去找。

解決方案

發現亂源後，我找了個竹編籃，全家人近期需要吃的藥，就統一收在裡面，直接放在水杯區，因為吃藥勢必要配水，放在旁邊再合理不過，吃完就放回原處也很容易，全家的藥終於不再四散了。

Before 兒子和我的藥到處擱置在餐桌、廚房流理臺等處，亂又難找。

After 全家人近期需要吃的藥，統一收在竹編籃裡，直接放在水杯區。

06

兒子清晨的洗臉護理用品

兒子在家吃完早餐後，我會帶他到浴室幫他把臉稍微洗一下（特別是鼻屎，鼻子過敏的小孩根本是鼻屎王），秋冬時，洗完臉後還需要補點乳液跟擦護唇膏，臉才不會太乾。以前總為了乳液跟護唇膏要多跑一趟去臥室拿，早上趕著出門時，真的很煩。

解決方案

乾脆多準備一份，連同小毛巾一起放在洗臉盆旁的抽屜櫃，讓這例行公事進行得更順暢！

Before 兒子洗臉後使用的乳液跟護唇膏，之前都要多跑一趟去臥室拿，真的很煩。

After 後來直接多準備一份，連同小毛巾一起放在洗臉盆旁的抽屜櫃內，一次搞定。

動線收納法自我練習

- ☑ 哪些東西，每次拿的時候總得跑一趟？
- ☑ 哪些東西，有什麼特定使用時機嗎？都是在哪個區域使用的？

把相關的東西整理成一盒，直接收在使用處附近吧！

延伸報導

強化玄關收納，從根本解決生活中的小麻煩

台灣人的居家空間普遍蠻吃緊的，高房價的都會區更不用說，在這樣的先天條件下，玄關常被犧牲，或者應該說從未被重視，留個開門、穿脫鞋的空間就不錯了，不然就是考量風水而硬隔出來，我上一個家也是如此。

在看了很多日本居家設計案例後，我發現他們的家再小，也會配置一個合理的玄關空間，那是個不可輕忽的存在。邊看邊回想舊家生活的種種不便，**才明白原來玄關不只在空間上幫我們區隔裡外，物品也是。**如果玄關有基本的收納空間，從外面帶回的東西（像包裹）就可暫時擱置在此，**不用每樣都帶進家裡，間接造成家裡變亂。外出必備用品更可以統一收在此，省掉拿進拿出的麻煩，**出門準備時也比較不會遺漏。

趁著搬家有機會重頭來過，我首要目標就是強化玄關的功能，想著生活中有哪些小麻煩，可以透過玄關機能整合來解決。最後，除了穿脫鞋，我還賦予玄關以下三個重任：

外出衣物吊掛區

這絕對是我覺得最重要的一個玄關功能。

你現在在家嗎？小聲告訴我，今天包包放在哪裡？給你溫暖的披巾，又被丟在哪裡（腦中怎麼突然浮現《聽海》的旋律）。答案很有可能是在沙發上，或是餐椅上，或是地板上。說穿了，你的外出衣物跟流浪漢一樣居無定所，走到哪就被放到哪。

如果全家人回家後，都這樣把外出衣物隨意擺，光這個動作，就足以讓原本整齊的家變得雜亂。

話說回來，經常要穿出門的外衣，每天要拿回衣櫃掛好，確實太為難人了，世間上有幾個人能如此勤勞。而且若去吃火鍋、烤肉或唱KTV，衣服變得臭咪摸，還掛回衣櫃會被其他的衣服霸凌吧。

所以，玄關不能只做滿滿的鞋櫃，還需要分一區做衣物吊掛區，讓外出衣物有棲身之所才行。**一回家可以很自然掛好，這個符合動線的動作一點都不麻煩，更順勢讓家中的亂源減少**。季節變化時，出門可以順手抓件薄外套，不會出門被風一吹，冷到起雞母皮，才發現又忘了帶。

衣物吊掛區目的是讓外出衣物有棲身之所，一回家可以很自然掛好，順勢減少家中亂源。

外出常備用品收納區

如果跟帶小小孩的媽媽出門一趟，你會發現媽媽的包包根本像哆啦A夢的百寶袋一樣。看小孩被蟲咬就瞬間拿出蚊蟲藥，看他坐車罵罵號就隨手拿出小餅乾，看他等上菜時很歡顛就掏出小車車，吃飯時嫌菜燙口就拿出小電扇快速吹涼。

媽媽包裡堪稱什麼都有，什麼都不奇怪，每個媽媽都像駝獸一樣，背著各式各樣的小法寶，求的就是出門一路平順，不要輕易被小屁孩主考官出的突發狀況考倒。

如果你以為媽媽肯定超擅長準備這些有的沒有的，那就誤會大了，事實上準備出門時，全天下的媽媽都覺得很煩躁，因為要拿的東西太多又太雜。一下跑去廚房拿食物剪，再跑去臥室拿襪子，再去玩具區抓幾個東西，別忘了過程中，小孩可是從頭到尾都在旁邊亂喔。而且在嬰童界流傳一個墨菲定律，就是忘了帶的東西，經常會出現非用不可的情況，像是孩子在外大挫屎，結果沒帶到濕紙巾，或是寶寶用大法師 style 噴射式吐奶，結果忘了帶紗布巾之類的悲劇（媽媽眼神死）。

從兒子出生後，我深深為這個繁瑣的準備過程所苦，覺得家門就在眼前，但為何踏出去那麼難。不斷想辦法改善流程，慢慢我頓悟了，**問題癥結不在要帶的東西太多，而是這些東西放的位置太散，拿取的路線很混亂，還容易遺漏。**轉個念，何不**把外出需要的東西整合在一區，出門前就可以一次取得，兒子大了也可以練習自己準備需要的東西。**

根據我們一家目前的生活習慣，我在玄關的收納櫃，分別收納以下幾類用品，這個新的收納邏輯真是惠我良多，還好我在兒子三歲的時候就想到，如果看到此篇你小孩才一個月的話，那真是被你賺到，可以少瞎忙很多啊，嗚嗚嗚！

將外出常備用品統一收納在玄關，從此不瞎忙！

林姓主婦外出
常備用品類別

1

兒子衛生用品

濕紙巾、面紙、小手帕，外出前會確認是否需要補貨。

2

兒子外出玩具

這些樂高是外出限定，在家是不能玩的，若行程許可，我會讓他挑了帶出門，兒子在外要玩時才會有新鮮感。

3

兒子外出零食

如果行程中有些點，我覺得可能需要零食才好按奈兒子，就會備著。

4

機動式用品

襪子、防蚊液、兒子的雨衣、雨傘、帽子、太陽眼鏡，看當日活動或天氣，決定是否需要攜帶。

5

兒子吃飯用品

像是食物剪、圍兜，或是爸媽讓小小孩在外好好吃飯的小法寶，一直以來可能習慣收在廚房，不如改收在玄關，就不會忘了帶。

6

環保購物袋

很多人家裡囤了不下十個環保袋，出門採買時卻總是忘了帶，地球都為你的一再健忘哭粗乃了！統一收在玄關，出門採買前隨手就可取得，自然不再忘！

重要的代辦事務提醒區

以前我跟老公經常發現家中有帳單逾期的狀況，我跟他都自認不是散仙的人，卻一再出現散仙的行為，為此我深深感到困擾，檢討過後，發現問題在於沒有把帳單統一收在對的地方，或者應該說，我沒有針對代繳帳單，規劃醒目的收納處。

人就是這樣，**東西沒規劃好特定收納位置，在下手那一瞬間會感到慌亂**，想說雪特，這東西要放哪好，不過掙扎大概○・三秒就會得出**那不如亂放**的鳥結論。其他東西就算了，但帳單亂放等於會漏繳，衍生許多後續麻煩，根本解決之道還是要改善收納方式。

利用玄關自設防呆機制

○設定自動轉帳，減少紙本帳單

決心改變後，我做的第一件事，是先把定期紙本帳單盡可能減少，同時響應環保。像是水、電、瓦斯、網路、電話全都辦了自動轉帳。

○帳單統一收在玄關桌木盒

接著，我在玄關桌上方掛了一個木盒，所有待繳帳單都放裡面，若當天會去便利商店，就整疊帶出門處理。選這木盒可是有巧思的，它的大小拿來放帳單，剛好會露出上半截，不然如果容器又大又深，帳單放進去就像活埋一樣，過陣子鐵定會忘記。在這樣的改變之下，現在已經很少發生帳單逾期的情況了，原來**生活上的不便只要透過收納方式的調整，就可以毫不費力的改善**，真是可喜可賀，就說我們不是散仙夫婦吧（相當介意跟散仙扯上關係）。

同樣邏輯，其他**需要帶出門的東西，可以利用玄關櫃自行設計防呆機制**，像是要帶去公司分同事吃的點心、郵寄的包裹、交給朋友的小物，事先拿到玄關桌放好，出門一定會看到，自然不會忘了帶。

這裡是我們家的重要代辦提醒區，它可是解決家中麻煩瑣事的關鍵區域。

我家的防呆機制之一：露出上半截的帳單木盒。

POINT

玄關規劃重點提醒

1

吊衣櫃

做成吊衣櫃，下方還可以放包包跟暫時擱置的物品。

2

開放式鞋櫃

下排鞋櫃做開放式層架，常穿鞋子不用動手就可以收好，自然不會丟整地。

3

收納空間

保留收納空間，可放客人拖鞋及外出常用的物品。

4

玄關桌面

玄關的桌面可放鑰匙、錢包、待繳帳單等雜物，隔天需要帶出門的物品，也可暫放於此。

5

掛勾

可以安裝一些掛勾，隨手掛小包包。

6

椅凳

放個穿鞋的椅凳，方便穿脫鞋時使用。

A 沒地方掛外出衣物／收納外出用品，你可以…

方法①

在牆上釘掛勾可以基本掛一些衣物。

方法②

在門邊找一個小牆面，用三角架釘層板，鑰匙、零錢、錢包就有地方擺，其他像帳單等紙本雜物，可以用檔案夾夾起來，再掛在牆面上。

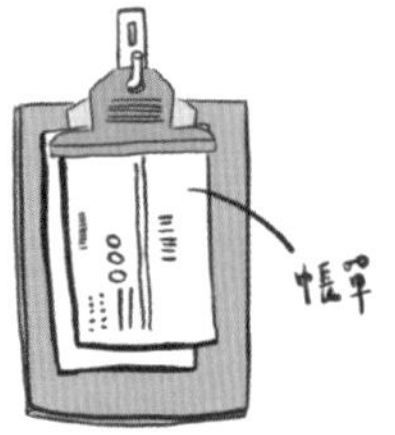

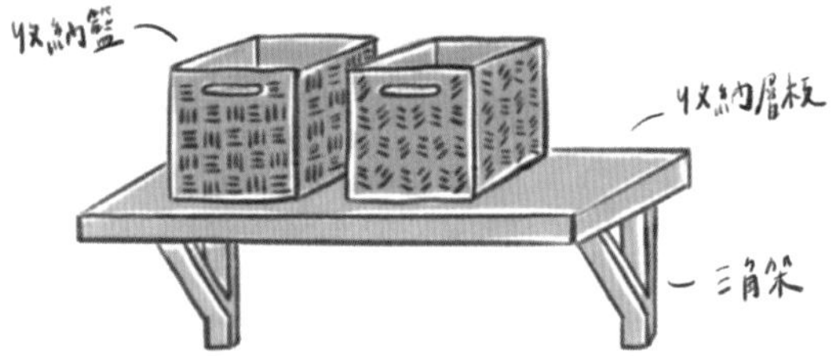

方法③

若層板長度有超過 30 公分，就可以在層板下方設計掛勾，即可掛幾件衣服與包包。

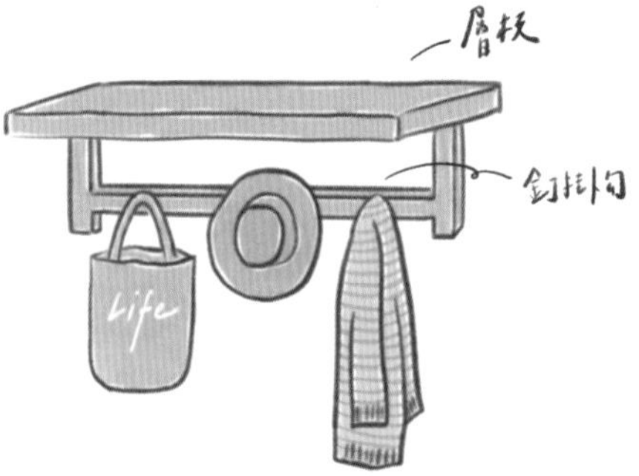

方法④

在玄關放現成衣帽架（蠻多傢俱品牌有出類似的設計，無印良品也有不錯的款式，可以去參考看看）。

方法⑤

釘一面木百頁搭配 S 掛勾，除了掛衣物，還可以掛小籃子放置更多物品。

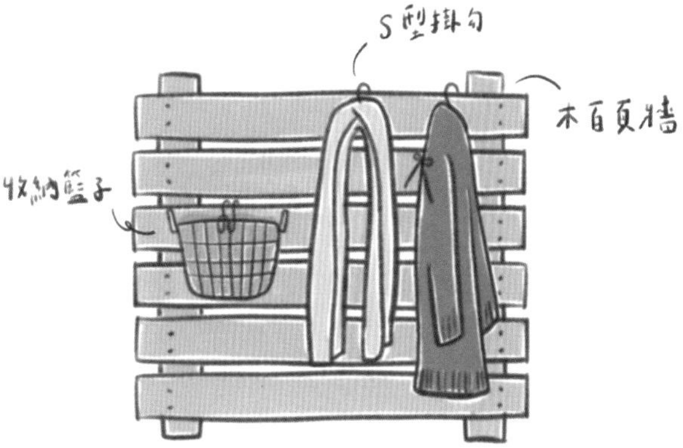

Ⓑ 鞋櫃已經做死，沒辦法把下兩層改成開放式，你可以…

○ 買現成的小層架鞋櫃，放在地上，增加收納機能，看來比較不凌亂。

玄關收納法自我練習

☑出門經常要用的東西，目前是收在哪些地方呢？

☑其中有哪些你特別容易忘了帶，或拿取時總覺得麻煩？

把那些東西拉出來，收在玄關收納櫃吧！

第 **2** 帖

依 使用頻率 決定，物品好拿又好收

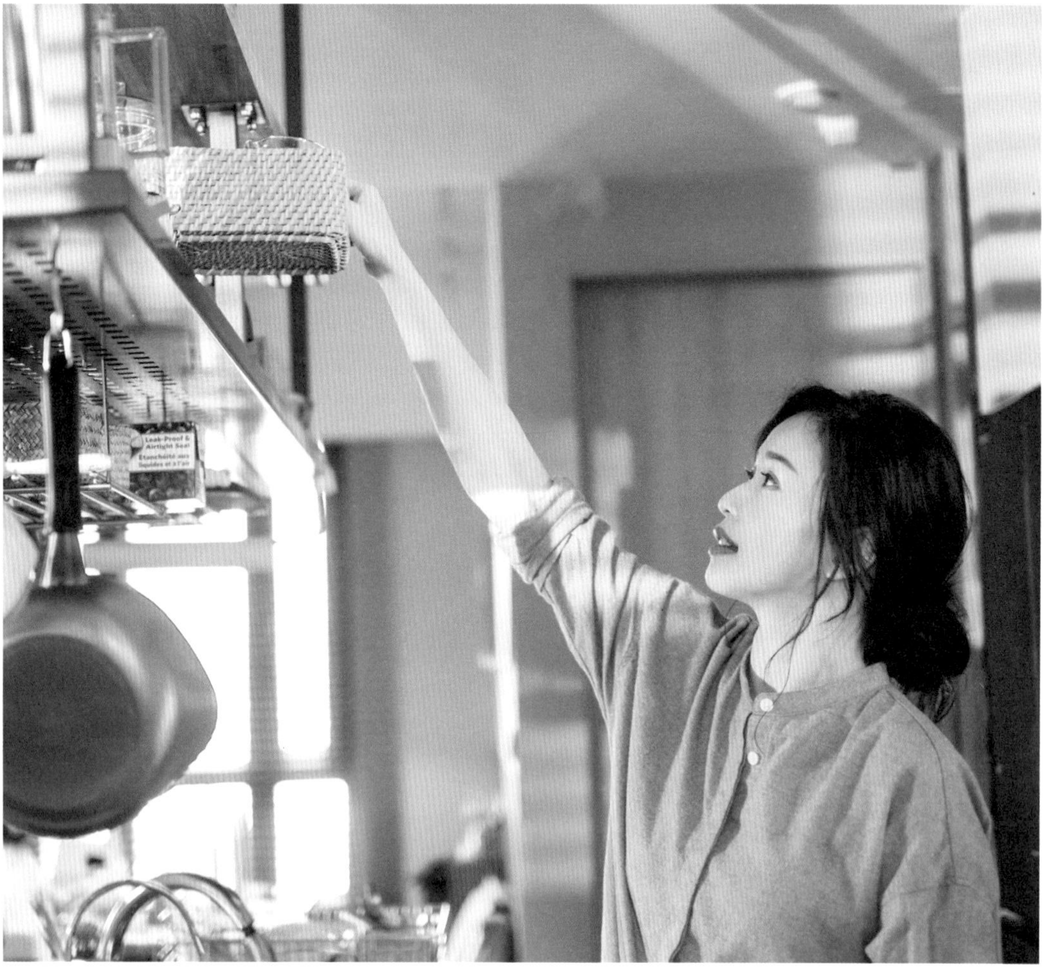

把廚房收納空間分成黃金地段或郊區

若要從使用頻率為出發點來考量收納位置，廚房絕對是最合適的示範教材。

廚房是如同地獄般的試煉場，嚴峻考驗所有主婦的功力。煮一頓飯所需要用的調理工具、小家電及鍋碗瓢盆實在太多了，我每天就是不斷把東西拿出來用、再收回去，主婦的日常就是那麼鬼打牆，你沒誤會。

會用到的東西那麼多，全部收在同一處勢必爆炸，寶貴的收納空間到底要如何分配取捨，其中一個主要依據，就是**使用頻率**。看著廚房，必須幻想自己是地產大亨，把每個收納空間定義成黃金地段或郊區。

出場頻率不高的釘子戶就不要霸佔著最好拿取的黃金區，而使用機率高的，務必從郊區拉出來，在黃金區找個最順手的地方收好。

第1步：先依料理動線，定義重點抽屜放的物品

有著這個觀念，搬到新家後，我不是一股腦兒拆箱歸位。首先，我依照料理動線，把重點抽屜要收的物品先定義出來，這點很重要。

瓦斯爐下方抽屜櫃

放碗盤、鍋具，煮菜可以很快就拿到鍋子，起鍋很快就拿到盤子。

洗碗槽／備料檯面下方抽屜櫃

收調理用品／保鮮收納盒，方便備料、飯後收拾剩菜時拿取。

其他抽屜

因為不在主要動線範圍內，就拿來收乾貨。

瓦斯爐左右兩側抽屜櫃

放調味料。

第2步：再細部幫每個物品定位

把與料理動線相關的抽屜空間預留好，接著要決定哪些物品要收進去，更細部去幫每個物品定位。於是，我把物品依照使用頻率定義為一軍、二軍、三軍，收納空間則依拿取容易程度，大致定義出一區、二區、三區，再順著這個邏輯分配收納位置。

使用頻率	
一軍	**每週都可能會用到**：調理用品、餐具、常用器皿、常用鍋具、保存容器、調味料、常用乾貨、常用清潔用品、手沖咖啡用品。
二軍	**有時會用，或許一個月用幾次**：真空包裝機、鬆餅機、食物調理機、蒸籠、較少使用的鍋具及碗盤。
三軍	**幾個月才會用到一次**：電磁爐、電子火鍋爐、卡式爐、烘焙用品、麵包機、乾貨備品、清潔用品備品。

拿取容易程度	
一區	**隨手就拿得到位置**：流理臺壁面懸吊空間及下方抽屜。
二區	**走幾步或伸個手就拿得到**：鄰近收納櫃或是吊櫃下層。
三區	**要特別去拿才行**：儲藏室或吊櫃上層。

林姓主婦廚房
收納案例分享

使用頻率

三軍

電磁爐、電子火鍋爐、卡式爐、烘焙用品、麵包機、乾貨備品、清潔用品備品。

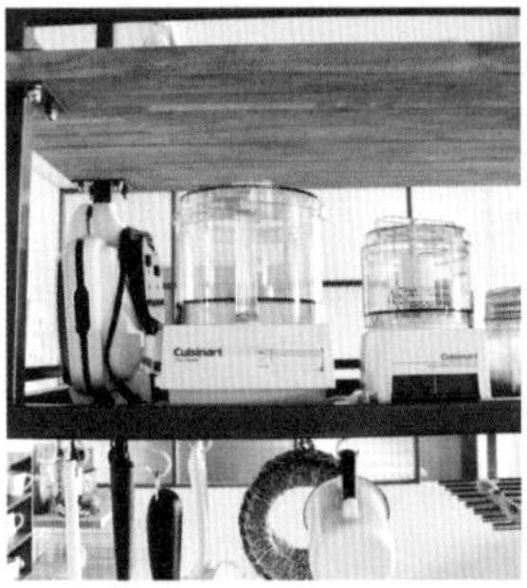

二軍

真空包裝機、鬆餅機、食物調理機、蒸籠、較少使用的鍋具及碗盤。

一軍

調理用品、餐具、常用器皿、鍋具、保存容器、調味料、常用乾貨、清潔用品、手沖咖啡的用品。

拿取容易程度

三區

儲藏室或吊櫃上層。

二區

鄰近收納櫃或是吊櫃下層。

一區

流理臺壁面懸吊空間，以及下方抽屜。

頻率收納法自我練習

步驟① 先把你們家中每個區域（特別是廚房）的一區、二區、三區，大致定義出來。

步驟② 打開那些地方的櫥櫃，看看裡面都收些什麼。

步驟③ 把一、二區內，明顯沒在用的障礙物移出，如果幾經考量仍想留著，移去三區收。

步驟④ 把二區、三區內，明顯一直有在用的東西移出，拿去一區。

步驟⑤ 初步調整後，之後務必持續留意每樣物品的使用狀況，發現沒那麼常用的就收去三區，發現某幾樣東西蠻常跑一趟去拿，就抓回一區，慢慢你會把物品都收在最合適的位置。

延伸報導

如何打造出充滿順手感的廚房

林姓主婦的新家當年是買預售屋，雖然要等三年，但好處是可以客變改格局，有這種千載難逢的好機會，當然是把所有的心力都放在廚房，那可是我燃燒主婦魂的主戰場。

我當時毫不猶豫拿掉一面牆，把廚房改成開放式，接著把建商原本配置全部打掉重練，從格局到櫥櫃都照自己的想法去改，跟廚具公司來來往往至少兩年才終於定案，打造出中看也中用的理想廚房，這條路我跪著也要走完。

沒有設計師可以依賴，只好硬著頭皮親力親為，有時真是蠻無助的，在幾個方案間龜毛掙扎，不知道怎麼做最好。但也多虧這些過程，我才知道原來要打造出機能強大的廚房，有那麼多眉角跟學問，而其中，**把基本的大動線做好是最重要的第一步**，以下是我的心得分享。

先了解廚房的基本配置與必備機能

烹煮區

火爐所在的位置，另外像是烤箱、微波爐、電鍋等也是。

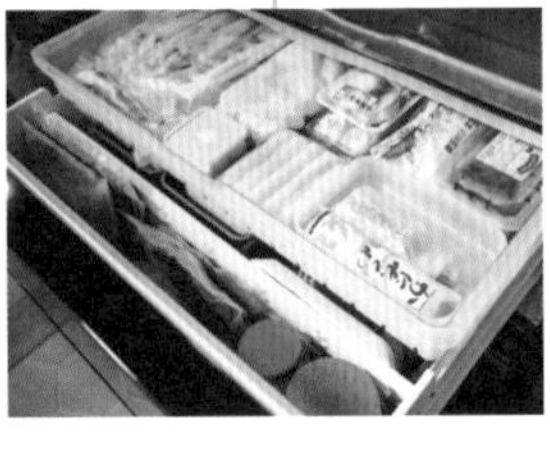

儲藏區

冰箱、冰櫃或是乾貨、碗盤儲藏區。

工作檯面

依照不同的格局，會有不同的工作檯面配置方式，洗滌區（進行備料工作）、烹煮區（放備好的料以及剛煮好的菜）、儲藏區（整理食材）旁，都要搭配足夠的檯面空間，彼此共用也可以，使用上才不會卡卡的。

洗滌區

洗碗槽、洗碗機所在的位置，用來洗菜、洗碗。

廚房三寶之間不要隔太遠，冰箱離洗碗槽要相對近一點。

廚房三寶之間不要隔太遠

廚房有三寶：冰箱、洗碗槽跟瓦斯爐。現在很多人喜歡把廚房改成開放式，但就算空間打通了，這三寶還是不能離得太遠，因為一旦做起菜來，就會在這三處不斷穿梭，炒菜炒一半去冰箱拿調味料，或是回水槽洗個手，如果離太遠，忙著出菜時會不自覺感到慌亂（因為你就是在瞎忙沒錯）。所以記得，廚房再大，這三寶還是要放在離彼此幾步的範圍內嘿！

冰箱離洗碗槽要相對近一些

開始備料時，第一步一定是先把食材從冰箱拿出來，放到洗碗槽旁邊的工作檯面，過程中也會來來回回拿東西，冰箱最好離水槽近一些，備料時會感到較輕鬆。

冰箱不要躲在廚房深處，要在全家人拿取東西都方便的位置。

冰箱不要躲在廚房的深處

廚房裡的絕大部分東西，基本上皆屬於掌廚者的管區，唯獨冰箱是跟全家人都有連結的，所以，冰箱要設法放在廚房相對外圍的位置。大包小包採買回家，要把東西冰進去時，能少走幾步路會覺得鬆一口氣，家人日常生活中需要到冰箱拿東西，也會覺得更方便。

洗碗機務必裝在洗碗槽旁

洗碗機對於現代主婦而言簡直像救世主，有了它，飯後收拾時間至少縮短二十到三十分鐘。若有計畫把這個救世主請來家裡，選擇安裝位置時，務必把使用流程跟相關動線考量進去。才不會裝錯地方害你多走好幾步路，效率大打折。

第①步

在洗碗槽將食物殘渣沖掉，再放入洗碗機。

最佳位置：放在洗碗槽的左右兩側，沖過的碗盤才不會一路滴滴答答地放進洗碗機。

第②步

洗好後，碗盤從洗碗機取出，歸位。

最佳位置：放在碗盤收納區的中心，一取出就可以快速歸位。

如果安裝位置滿足以上兩個條件，洗碗機所能帶來的附加價值會大增，反之，則可能因為動線不順，讓你覺得用了也沒有比較輕鬆，慢慢就乾脆不用了，那多對不起這個救世主！

洗碗機要裝設在洗碗槽旁。

垃圾桶需在調理區旁

我想垃圾桶看到這篇會覺得很榮幸，我竟然煞有其事把它拿出來討論，畢竟很多人配置廚房動線時，不會先把垃圾桶的位置考慮進去，直到入住後才找個角落放。它明明很重要，卻總是最後才被想到。

「找個角落放」這個結論，是基於擺設上的方便，不是動線上的流暢，很可能導致備料時丟個垃圾都要走好幾步，而這幾步路就足以讓人發懶，覺得那等累積多點垃圾再一次丟好了，**間接造成洗滌區總處於雜亂狀態**，充斥被拆掉的食物外包裝，拖累備料的步調，讓煮飯的心情阿雜起來。

主婦小巧思

光速處理垃圾的特殊裝置

①記得把垃圾桶這個偉大的綠葉當一回事，在洗滌區的腳邊預留好位置，甚至像我一樣把垃圾桶藏在櫥櫃裡，下方裝軌道板，用腳就可以輕鬆拉出，實用又美觀。

②事實上，我另外還擺了一個桌上型的小垃圾桶，備料時的小垃圾，我會用光速丟進這裡，隨手收拾，收工善後的時間也有效縮短。

更多讓我在廚房感到通體舒暢的小規劃

中島開放式吊櫃好好用

很多廚具商配置的廚房，會做很多吊櫃，確實廚房上半部的空間會給人一種不用白不用的感覺，我上一個家也有兩排吊櫃，但那是我收納時痛苦的來源。

吊櫃最大的問題是，不但高，還有一定的深度，**東西放進去很難拿取**，下排還勉強可以運用一下，但放進上排的東西就跟出國深造一樣，再見不知何時。

實在看吊櫃不順眼太久了，幫新家規劃廚房時，考量我們家整體收納空間應該足夠，沒什麼非要收在吊櫃不可的東西，我便毅然決然把吊櫃全部退掉，省了不少錢，還換來更開闊的廚房空間。

取而代之，在牆面釘了層架，讓我可以在上面放各式各樣的乾貨收納罐，層架下方則釘了吊桿，常用的料理道具就掛在那裡，既美觀又實用。

中島上方，我找鐵工訂做了一個開放式的吊櫃，因為沒有門片，東西收在上面一樣很好拿，比起一般的傳統門片式吊櫃真是好用一百倍啊！

不做吊櫃，在牆面釘層架放乾貨，下方釘吊桿放常用料理道具。

POINT

中島開放式吊櫃好看又好用

1

二軍廚具或單柄鍋

層架下方可直接掛S型掛勾，提供吊掛收納的功能，二軍廚具可以放在上方層架，一伸手就拿到。

2

常用物品或食材

可放保鮮膜、鋁箔紙等料理常用物品。蒜、薑放此通風又好拿。

3

點綴用植栽

最上面的層架還用不到，就放一些好養護的植栽，給家裡帶來些點綴。

4

水槽上方掛擦手巾

料理過程中隨時可以擦手，而且很好乾，不容易臭掉。

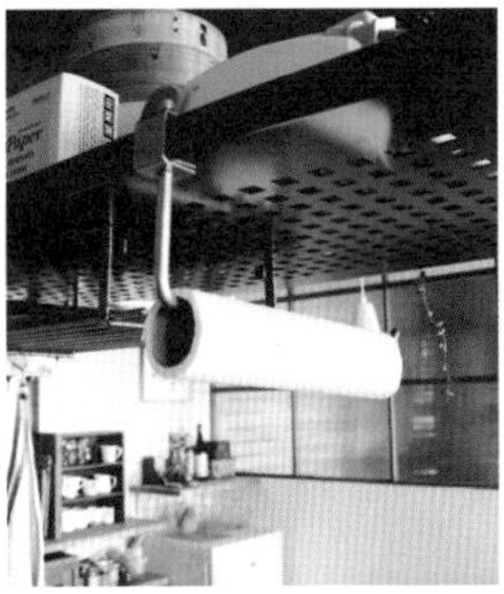

5

餐巾紙架

餐巾紙是料理時常用到的小幫手，特別為它設一個專區，方便快速取用。

6

下方做砧板架

砧板最合適的地方就是收在吊櫃上，才不會佔掉檯面空間，於是從IKEA買了隔熱鐵架，再用鐵工客製的勾子吊起，就可把砧板隨手放入，要用時很好拿。

瓦斯爐旁的鍋蓋架、料理工具擱置盤

鍋蓋拿起來就可以往旁邊擱，料理時用的長筷子、鍋鏟、湯杓就放在這兒，檯面不再亂七八糟。

多一個獨立小冷凍櫃

冰箱最容易塞爆的是冷凍區，囤兩袋水餃就快爆炸，如果還不幸遇到端午節需要冰粽子，只會讓主婦絕望到出現「不如我現在把所有的粽子嗑了吧」的極端想法。替新家選購冰箱時，覺得再大的冰箱，冷凍櫃在我心中都還是不夠大，索性另外買獨立小冷凍櫃，現在去Costco補貨都沒在怕的，有團購我也能+1了（挺）。

可以的話，預先規劃一個角落放直立式小冷凍櫃吧，常下廚的主婦不會後悔的！

在中島檯面加裝IH爐

規劃中島廚房時，一度想要把瓦斯爐放在中島檯面，覺得這樣很有料理教室的fu，但因為炒菜時總不免油花飛濺，如果瓦斯爐在中島，噴濺範圍會很廣、難善後，最後還是把瓦斯爐裝在靠牆的檯面角落。

但我還是有另外在中島檯面上裝IH爐，不會產生油煙的料理，有時就移來這邊做，不但把做菜動線縮更短（因為就在備料區旁），全平面的檯面事後清潔也更容易，而且少了火爐的熱源，不會隨便煮個東西都滿頭大汗。燉好的湯，會移到IH爐上保溫，在餐桌吃飯時，起身就能盛到熱騰騰的湯，很幸福耶！

夢想中的食器棚

有點常用又不是那麼常用的食器，不妨就收在這裡吧！

另外買獨立小冷凍櫃，對於常下廚的主婦
來說非常方便！

善用瓦斯爐旁的空間，把料理時常用到的
器具放這兒。

比較不常用到的食器，統一收在食器棚。

在中島檯面上裝 IH 爐，無油煙料理就可
移來此做，縮短做菜動線。

第 3 帖

妥善 分類物品、集中收納 ，東西才不會找不到

兒子還小時尿布用量兇，我為了撿便宜會去Costco補貨，一買就是兩大箱。但舊家沒有儲藏室，我總得四處找地方收，想說這種必需用品，要用的時候自然會去找，應該不會忘吧。

但某天，我赫然在臥室櫃子深處，發現兩包S號的尿布（倒退兩步）。當時我兒子早就換成M號尿布了，我還硬給他穿，結果他給我變成貴乃花（呃，年輕人可能不明白，他是日本國寶級相撲選手，宮澤理惠還曾經跟他訂婚過喔）（會不會連宮澤理惠是誰都不知道呢），整個側邊變成超高衩，很像相撲選手那樣，屎尿都包不住從旁邊溢出來，實在不能勉強使用了，那兩包尿布只好含淚送人。

養小孩已經夠花錢了，我竟然把尿布塞在壓根會忘了的地方，實在無法原諒自己的粗心。那次教訓給我一個很深的領悟，就是**日常備品需要集中收納在同一處，才不會日久遺忘**，還有像是電池、USB隨身碟、紙膠帶這種**容易隨便亂塞的小物，更需要拉出來分類收好**，免得要用時找不到，還一直重複買。

主婦家的實例分享

01 旅行用品

每次趁週年慶買保養品時，讓我又愛又恨的就是滿額贈旅行組或是試用包，女人嘛，在這種時候都會毫不猶豫當伸手牌。

這類零散的小東西，通常都收在抽屜櫃，想說下次去旅行時可以帶去用。但真要旅行時，你壓根忘了它的存在，直到某年你翻找東西時，才赫然發現它們早已變質、面色臘黃。

現在不管櫃姐如何誘惑我，跟我說不拿可惜，旅行組、試用包我**堅決只拿實際上有在使用的產品**。活到這把歲數了，早已不願意一直把新玩意兒往臉上擦，認清這點，貪小便宜的心態就會收斂起來。

解決方案

為了提升使用率，我規劃了一個抽屜櫃，把所有小包裝的盥洗、保養用品全收在一起，每次需要旅行、外出過夜，或是先生要出差，就從裡面挑需要的出來打包，它們終於發揮應有的價值，我開心！

02 盥洗、保養、清潔用品備品

每個人一定發生過曾經在櫃子深處撈出擺兩年的牙膏、沐浴乳，然後懊惱地拍額頭說「原來這裡還有啊~」之類的鳥事。

解決方案

唯一的解決辦法，除了**避免過度囤貨**，就是**集中收納**了，如果浴室洗手檯下面放一罐，臥室櫥櫃再放一罐，註定會有一些倒霉的東西被你遺忘。

03 居家常備藥品

家裡會有一些常備藥以備不時之需，但藥品可能用了後，剩餘的就被隨手擱置在某處，日積月累下，總會在莫名的地方發現一些散裝的藥品。

解決方案

拿一個盒子或是找個抽屜櫃作為藥品收納處吧，養成這個習慣，不但抽屜裡的雜物會變少，哪天真的生病渾身不爽快時，一下就拿到救命藥，你會很感謝自己的！

04 小型3C相關用品

現代人生活離不開3C，周邊用品更是陰魂不散地跟在我們身邊，像是電源線、耳機、隨身碟、充電電池等，零零散散的看了就討厭。

解決方案

老實點，找個收納盒統一收好吧！

HOW

九大難纏收納困擾與示範

有些東西天生就讓人覺得難收！

難纏收納① **冰箱**

難纏收納② **碗盤**

難纏收納③ **保鮮盒**

難纏收納④ **食材乾貨**

難纏收納⑤ **保鮮袋・夾鍊袋**

難纏收納⑥ **文具雜貨**

難纏收納⑦　**內褲・襪子**

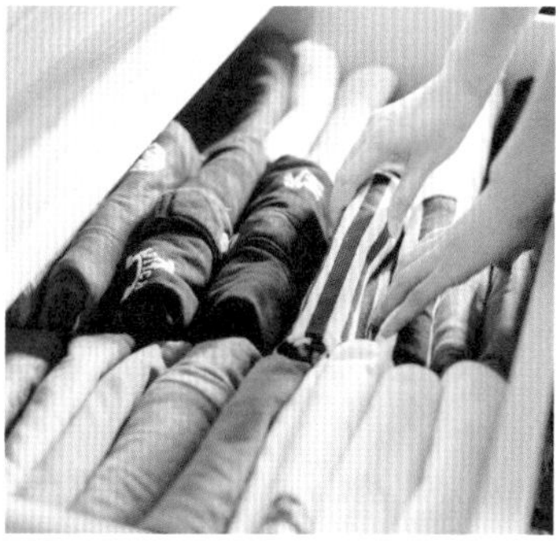
難纏收納⑧　**T 恤**

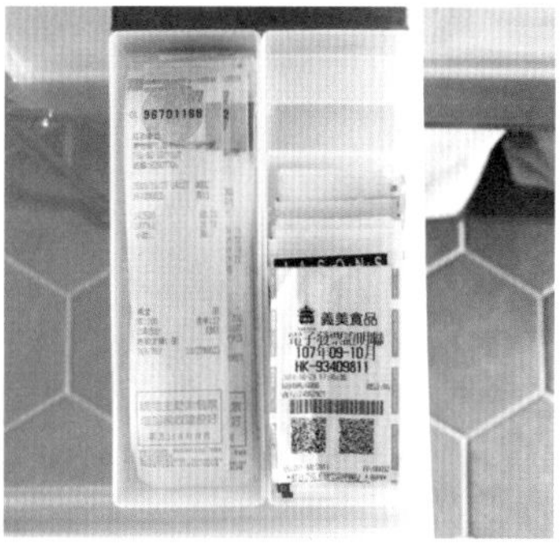
難纏收納⑨　**發票**

難纏收納①
冰箱

冰箱收納是主婦們相當在意的一環，主要是因為冰箱空間有限，如果沒妥善管理運用，看起來亂就算了，更麻煩的是，採買回家的食材沒地方冰，或是塞在深處的東西放到壞。

從出第一本書開始，我的編輯團隊不斷跟我說，可以寫一篇冰箱收納的技巧，一定很多讀者想參考吧，他們都不知道敲破幾個碗了，我一直拖著沒寫，因為老實說我覺得沒什麼厲害的心得好分享啊（心虛小聲說）。主要是我本來就沒有囤食材的習慣，做的菜也不太會剩，就算剩了也會盡快找機會吃掉或丟掉，所以我的冰箱蠻空的，沒有什麼收納危機。

不過，雖然空間上夠用，有一點還是讓我感到困擾，就是比例佔最大的冷藏櫃，裡面的東西**不管怎麼擺都有點雜亂**，反正就是打開來沒什麼了不起的畫面啦，跟我在IG上看到日韓主婦冰箱收納的照片差很多啦（嘟嘴轉手指）。

我也很嚮往日韓主婦冰箱裡的風景啊，但她們之所以可以弄得如此整齊完美，是因為把收納容器統一了，所有食物，甚至乾貨都裝進琺瑯盒或塑膠盒、所有調味料都裝進了玻璃罐，這樣一整排放在一起就跟部隊一樣，畫面當然無敵啊！

但要做到那種程度，其實蠻偏執的，試想她們花多少事前準備時間，把東西一一裝入，東西用完，又要花時間把盒子洗淨晾乾，我根本不可能那麼拼命，且總會遇到東西沒辦法剛剛好裝下的時候，剩下那一點要收哪不是也很煩人。還是她們只是拍拍照，真實生活都是直接紅白塑膠袋綁一綁就丟進冰箱呢（不要亂誣陷！）

我想求整齊，但又生性懶惰，在這種矛盾的情緒之下，我的冰箱一直處於很平庸的狀態，即便搬到新家，換了更大的冰箱，一樣沒有任何突破，反正我的冰箱就是一個扶不起的阿斗（妳才是吧）。

直到有一天，茅塞頓開，悟出屬於我的中庸冰箱管理之道，不過度偏執，但又讓冰箱看起來更加整齊、收納更有邏輯，東西也好拿多了，這套作法從此伴隨我生活，老娘終於可以提筆寫下這篇文章了（捲袖子）！調整後的作法，主要是基於以下幾個大觀念：

善用收納盒、淺托盤，把冰箱內層改造成分類抽屜，好拿又好收！

方法① 看起來亂的東西，用收納盒收好

冰箱冷藏庫，讓我最不滿的地方就是門的左右兩側。那邊主要是設計來收醬料、飲料、雞蛋，但看起來就是亂，明明日韓主婦也一樣放那，怎麼畫面差很多。

後來我發現，那是因為我們的產品包裝實在醜，很多傳統美食都用毫無美感的玻璃瓶裝，有的上面還印老闆的照片，擺出來真的不好看（老闆聽了別往心裡去，你的醬料還是很好吃呦）（摟），跟日韓主婦冰箱畫面自然是天差地遠。我曾經動過幾次念頭，把它們全部裝到一致的玻璃罐裡，但這樣實在太瘋狂了，光添購玻璃罐就不知道要砸多少錢，終究還是忍下來了。

山不轉、路轉，我把它們全部收到收納盒，再放進冰箱內層，要用的時候整盒拉出來挑，很方便。同時，我把塞在冰箱內層的罐裝飲料拿出來放在兩側，比起來，飲料包裝整齊多了，簡單調整，我的冰箱看起來就很不一樣。

把罐裝飲料拿出來放在冰箱的兩側。

把醬料全部收到收納盒，再放進冰箱內層。

方法② 冰箱內層「抽屜化」

中大型的冰箱都有深度太深的問題，導致最內層的東西很難拿，最上層又深又高，使用上更是麻煩，放進去的食物就像被打入冷宮一樣，可說是過期食品之家。

用深長型的收納盒跟淺托盤，就可以把冰箱內層簡易改造成分類抽屜，同類的東西得以集中收好，看起來整齊外，且一拉就可以拿到裡面的東西，解決不好拿的窘境，把空間做更好的利用。

方法③ 冷藏櫃設臨停區

冷藏櫃最好設個臨停區，有一區隨時空著，專冰吃剩的食物，臨時有大鍋湯要冰，不用乾坤挪移，調整層架就可以放入。此外，小盒的剩菜集中放置，也可有效提醒自己要盡快吃掉，減少浪費食物的機會。

把冰箱抽屜化，整齊又好拿！

冷藏櫃要有臨停區，臨時要冰大鍋湯也不怕。

方法④
抽屜型的設計，用收納盒做內部隔間

抽屜型設計的冷凍櫃、蔬果室，用收納盒做隔間，東西放進去更能整齊排好，各類存貨也才看得清楚。

特別提醒，冷凍物品分裝後，務必壓平後再冷凍，才可排排站，節省空間。若整坨橄欖球狀放進去是不行的！

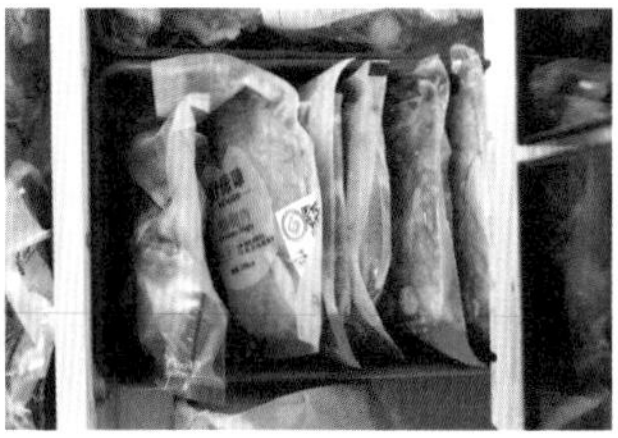
用收納盒做隔間，東西好收又好拿。

冷凍物品分裝後，務必壓平再冷凍，絕對不可以整坨橄欖球狀放入。

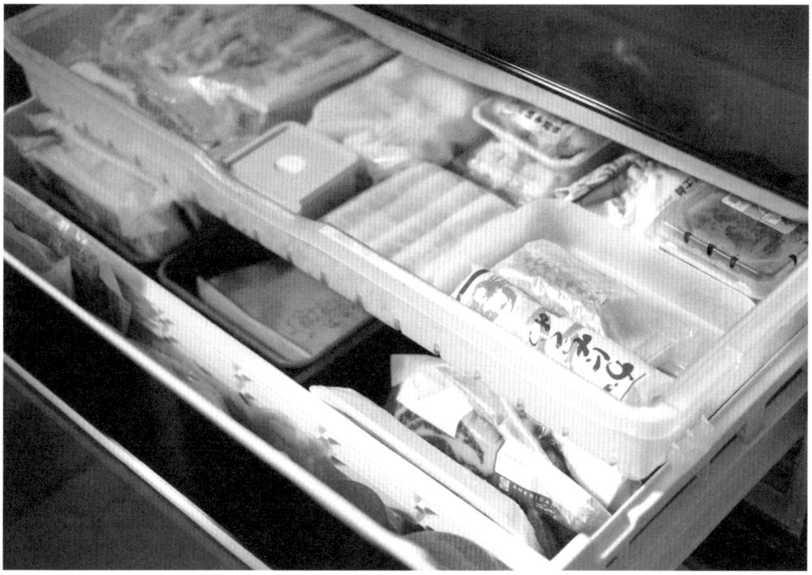

難纏收納②
碗盤

我發現無論擁有再多喜歡的盤子，慣用還是那幾個，因為我的盤子都是疊著收，下方的盤子不好拿，為求方便自然先拿上層的來用。

搬到新家後，我改成用直立式碗架，這樣才看得到盤子有哪些，挑好後直接抽起來就好。其他形狀特殊的盤子，則跟碗疊著收。

如此調整下，各個盤子的出場率都大幅提高了呢，我買盤子的錢終於沒有白花了啊！

難纏收納③
保鮮盒

每個主婦的櫥櫃裡免不了有一些保鮮盒，有大有小有圓有方，要收納整齊真不容易。過去我會把蓋子蓋上，全部疊在一起，但這樣很浪費空間，實在不理想。搬到新家後，我先斷捨離了一遍，只留下同系列的；容器部分依形狀分類，再由大到小堆疊在一起，蓋子則另外立起來放在收納盒裡。這樣就可以充分利用空間，整齊好拿多了。

難纏收納④

食材乾貨

食材乾貨最理想的是收在抽屜裡，一拉開所有東西無所遁形。記得在抽屜裡再放一些收納籃分格，會更容易分類、整理。

也可以將乾貨放在玻璃密封罐內，置於開放式層架上，不但好看，東西存貨一目了然，拿取更是方便。

主婦小巧思

小巧思①

充分利用門片式櫥櫃的方法

若抽屜櫃空間有限，門片式的櫥櫃也很能收，但不是越深越好。太深的話，東西放進去會不自覺分內外層，內層的東西會很難拿出來。深度在 25 ～ 35 公分之間是最好收又好拿的。如果現有的門片式櫥櫃偏偏又大又深、還很高，那可以試著**買現成的 PP 收納盒，自行小改裝成抽屜櫃**，會大大增加食品被使用的機率。

小巧思②

避免食物過期的方法

找一個籃子，把**保存期限短**、**開了就要盡快吃掉**（如壽司海苔）、**快要過期**、**只剩一點點就吃完**的食物裝在一起，放在廚房櫥櫃的**醒目處**，便可有效提醒自己盡快用掉，千萬別明知他們快往生了還分散收在各個抽屜櫃，因為你一定會忘。再搭配**不過度囤貨**、**定期盤點**的好習慣，放到過期的機會將有效減少。

難纏收納⑤

保鮮袋・夾鍊袋

一直以來保鮮袋、夾鍊袋該怎麼收，讓我深感困擾，因盒子尺寸不一，怎麼排都很難平整；不同品牌的夾鍊袋，盒子的風格、大小又是不同的世界，全部擺在一起活像是史上最ㄎㄧㄤ的舞團。

覺得亂，那麼收在抽屜櫃裡，眼不見為淨不就得了？但是我覺得這樣要拿時很不方便啊，我一直在想，這些惱人的保鮮袋到底要怎麼收才好。

有天，我滑IG時突然瞄到日本主婦使用專門的盒子來收納，我眼睛當場瞪超大，拼命肉搜後總算查到怎麼買，趁去日本旅行時把它們帶回來。有了專屬收納盒，我的保鮮袋終於變得整齊、好看又好拿了！跟我一樣在意這件事的人，去日本的話可以順便購買喔！

商品連結

圖中左邊兩個
是中號

右邊四個是小號

購買品牌：mon·o·tone

難纏收納⑥
文具雜貨

迴紋針、文件夾、小卡片、信封、紅包袋、膠帶、備用電池、印泥，這些有的沒有的文具雜貨，以往總害我東翻西找。

搬到新家後，我把這些小物大致分類好，再統一收在IKEA的木頭迷你抽屜盒，現在連兒子都知道電池沒電去哪裡拿新的，小物也需要被認真收納啊！

難纏收納⑦
內褲・襪子

原本我跟老公的內褲襪子，是收在一格格的收納盒裡，但因為一格只塞一件有點鬆，塞兩件又有點硬擠，搞得我只能在浪費空間與製造雜亂間做選擇，用了一段時間後，覺得這種收納方式讓我感到痛苦，就積極尋找其他方案。

後來找到無印良品這個PP抽屜櫃，大小無論拿來放摺好的內褲或是襪子都很適合，順著抽屜櫃窄窄的空間，很自然可以一件件整齊放入，就算隨著換洗陸續拿了幾件出來，剩餘的還是很認份排隊站好，不會東倒西歪。

這個抽屜櫃還有一個小細節我很喜歡，就是它的分隔板是活動式的，有些整個都沒使用，有的就利用分隔板做小分類，像生理褲、無痕褲、安全褲等特殊機能的，就分隔收，不會跟一般內褲混在一起，更好拿。

難纏收納⑧

T恤

搬到新家後，在家事阿姨的指導之下，我改變了摺T恤及收T恤的方法，這樣做有四個好處：

○衣服不再層層堆疊，所有款式一目瞭然。

○很容易單件抽起，而且不會把其他的衣服弄亂。

○更有效地利用抽屜空間，比堆疊式收法收納更多件。

○T恤摺起一段時間，也不會有太多皺褶。

T恤這樣摺、這樣放！

Step 1　T恤正面朝下，平鋪在床或桌上。

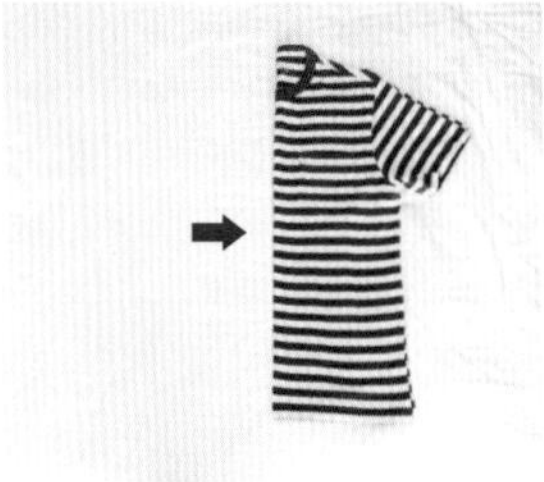

Step 2　將T恤左右對摺。

Step 3　袖子往內摺。

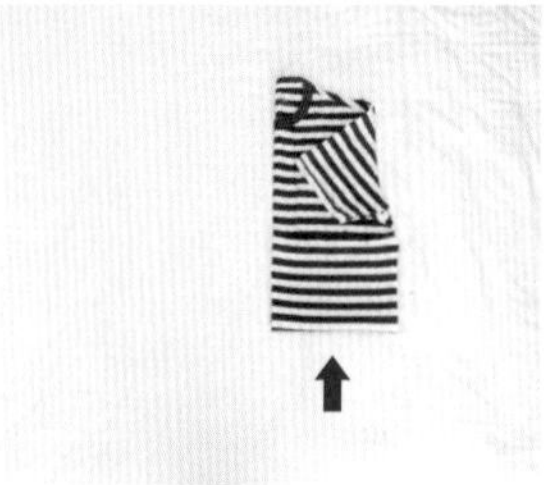

Step 4　往上摺1/3。

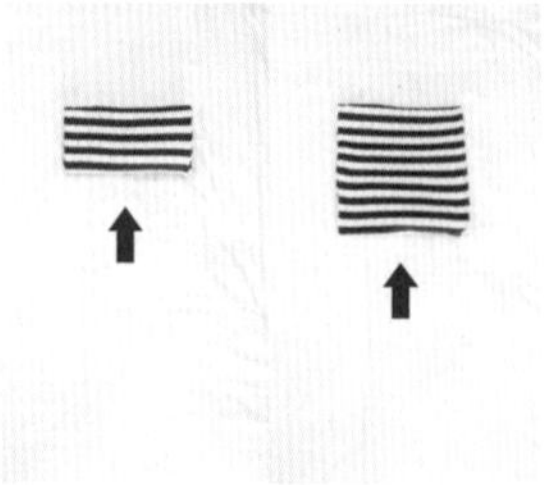

Step 5　接著再往上摺1/3，再次對摺。

Step 6　最後立著放進抽屜裡就可以了。

難纏收納⑨

發　票

台灣的發票真的很煩，規格不統一很難收整齊，而且對發票都對到眼睛快脫窗，有一陣子我寧可全部捐掉也不想要被那些發票逼瘋。還好後來有發票兌獎的ＡＰＰ，流程變得友善太多，更是從根本解決發票收納的困擾，讓我又懷抱起中千萬獎金的夢想，主婦們一定要跟上時代，改變蒐集發票的習慣啊！

雲端發票
APP

優先方法

我目前是使用【雲端發票】ＡＰＰ，只要註冊好帳號，結帳時出示手機捷徑上的載具條碼，就可把電子發票存入發票存摺，不但不用拿紙本響應環保，省得事後要整理，系統還可**自動兌獎**，甚至將**獎金直接存入指定帳戶**，免掉超多麻煩。財政部也有推出官方版ＡＰＰ，可看看哪個用起來較順手。

次優先方法

有時趕著結帳，直接拿電子發票證明聯也沒關係，事後再掃 QR Code 把發票存入即可。不過這種情況若中獎，就**需要找出紙本發票才能兌換**，所以還是得收好，不然中一千萬，結果找不到不是更想死。

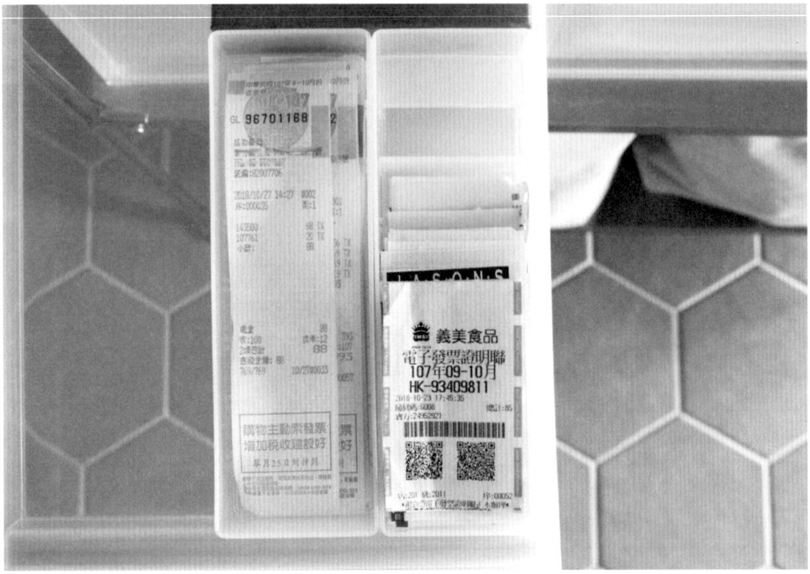

無印良品的PP盒很好用，兩款尺寸的發票都可放入。

只有收銀機發票能拿的話……

有少部分店家仍是給舊式收銀機發票，好在大多電子發票都交給ＡＰＰ對，剩下數量不多的收銀機發票，自己對很快，所以還是拿吧！

改變習慣後，我只需要收少量的電子發票及收銀機發票，就在無印良品找尺寸剛好的盒子，把兩種分開放，這樣開獎時，我只要親自對收銀機發票，電子發票則靠ＡＰＰ，確定沒中就整疊丟掉，**收納時連後續的SOP都設想好，才能替自己省事啊！**

看完以上有關收納的章節，面對一家的雜物終於覺得忍無可忍，想要把收納打掉重練的話，融會貫通書中的觀念，再跟著以下步驟，即可大致搞定：

第一步 以每個櫥櫃為單位，清出所有物品，所有喔，我是認真的（推眼鏡）。

第二步 徹底斷捨離，淘汰不需要的物品。

第三步 將清空的櫥櫃擦拭乾淨。

第四步 將想要留下來的物品，重新分類與歸位。（需視情況歸回同一櫃或是另尋他處）。

分類與歸位的三大原則：

①使用動線：生活中（或特定時機）所使用的物品，整合收在使用處附近。

②使用頻率：常使用的，收在動線之內最方便拿取的位置。

③同類集中：大大小小的物品，抓出合理的分類邏輯，集中收納。

第五步 將分類後的物品依照數量／體積，搭配收納櫃位的尺寸，尋找合適的收納容器，整理好後再歸位，即大功告成。

收納時常見的櫥櫃問題破解方法

◯位置高且深的櫥櫃，用深長型的收納籃，即可一次抽出再拿所需物品。

◯位置低且深的櫥櫃，用深長型的收納籃，或是**PP抽屜櫃**即可充分利用空間。

◯寬大的抽屜，用小分格籃，即可讓小物得以分類／整齊收好。

小提醒！含紀念意義而無法捨棄的物品，因很零散難以歸類，可依「擁有者」分類：如男主人一盒，女主人一盒。

翻轉裝修

重新理解收納的邏輯後，
可以試著突破居家格局的既定框架，
找出更靈活又實際的運用方式吧！

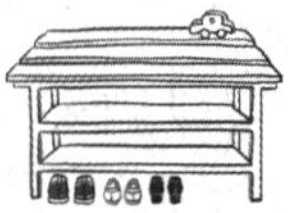

365日。

第2章

一個儲藏室勝過三個儲物櫃，甚至更多

我家的儲藏室是一種統倉的概念，讓我整合收納的中心。

H O W

HOW

整合櫥櫃空間改做儲藏室，省錢又實用

不在家中四處做櫃子，好處超乎想像！

很多朋友來我們的新家時，一進門就驚呼根本是咖啡廳來著，這時我會按住他們的肩膀，叫他們別激動聽我說，我們家的空間感不像一般的住家，第一是因為沒有XXX（下一篇就會提到大家別擔心），第二是我們家有儲藏室，所以公共空間基本上沒櫃子。這兩個元素加起來，再搭配我的傢俱、家飾風格，看起來的確有點像咖啡廳沒錯，雖然這是我歪打正著的結果。

「不做白不做」的櫃子，可能衍生很多問題

朋友聽到我如此解釋，會恍然大悟，確實一般人的家四處都是櫃子，常見到屋主與設計師聯手，用寧可錯殺也不可放過的決心，抓緊每個可以做櫃子的空間，反正空在那裡不做白不做，做了以後總會有東西放吧，那既然櫃子做那麼多，儲藏室就免了吧。

不過，即便有那麼多櫃子，你卻可能發現沒想像中好用，是因為**順著生活動線以及收納物品量身打造的櫃子，才實用**。當初「不做白不做」的櫃子，會衍生很多後續問題，反而帶給生活負擔，譬如：

○櫃子過多，收納時讓人無所適從，難決定該收哪，最後就是東放西放、缺乏邏輯，日後容易找不到東西。

○無所不在的收納櫃，讓人失去斷捨離的壓力，養成隨意囤貨與亂塞的習慣。

○櫃子會大大壓縮生活空間，視覺上容易覺得擁擠。

○櫃子深度有限，你總不大會做個像冰箱一樣

深的櫃子吧。大型的物品，像是行李箱、季節性小家電、吸塵器，會讓你苦惱即便有一堆櫃子也沒地方收。

◯無論是抽屜櫃、門片收納櫃，做好後調整空間有限，有時會發生東西找不到合適櫃位收的困境。

然後別忘了，這些「不做白不做」的櫃子，當初可是花了大把銀子才做出來的！

儲藏室勝出的5大理由

在規劃新家時，我第一優先是確認儲藏室的位置，交屋後我實際進去感受大小，確認收納空間非常足夠、好運用，就鐵了心，不在家中四處找地方做櫃子，只在生活動線處做必要的收納櫃。這樣做的好處，超乎你的想像，譬如：

①收納變得更直覺，日常用品放收納櫃，其餘就歸到儲藏室。

②收納處集中，要找東西時不用翻箱倒櫃。

③物品存貨一目瞭然，需要大整理時也感覺輕鬆多了，把儲藏室的東西整理過一遍就大致搞定。

④少了排排的櫃子，家裡感覺變大了。

⑤儲藏室內部用便宜的層架即可，再依照物品不同需要，增加抽屜收納盒或是收納籃，不但使用彈性非常大，整體造價更遠比做櫃子省多了！

我的儲藏室是整合收納的中心

有人會質疑，難道儲藏室就不怕日久變成垃圾場嗎？那是因為一般人是把「極少用」或是「雖然用不到，但我現在不想面對」的東西塞進儲藏室，同時塞進全家人的鴕鳥心態，不用日久，其實從啟用的第一天就是垃圾場了，我現在就可以聯絡清潔隊去幫你把儲藏室清空

（按電話）。

說起來，**我家的儲藏室是一種統倉的概念，讓我整合收納的中心**，裡面的東西都是家裡需要的，只是使用頻率沒有高到需要佔著外頭的櫥櫃。

我不時會進去拿東西，對裡面的狀態掌握很高，**三不五時檢討每樣東西存在的必要性，隨時在斷捨離**，它們看到我又像鐵血教官般一臉嚴肅走進去，都會忍不住打寒顫，深怕被我發現早已無用而遭到處置。用這種思維去管理，我的儲藏室始終乾淨清爽，跟老公吵架的話，叫他進去睡也一點都不殘忍呢～

即便坪數不大，也不要先入為主覺得規劃儲藏室不可能，積極與設計師討論看看。格局設計其實就像變魔法一樣，透過空間重整會得出全然不同的結果。拋下原本的執念，用全新的觀念去思考，還是有機會找到突破盲腸的解法，改善居家收納的困境！

HOW

櫃子少卻不凌亂的祕訣

在每個生活區塊設置「臨停區」

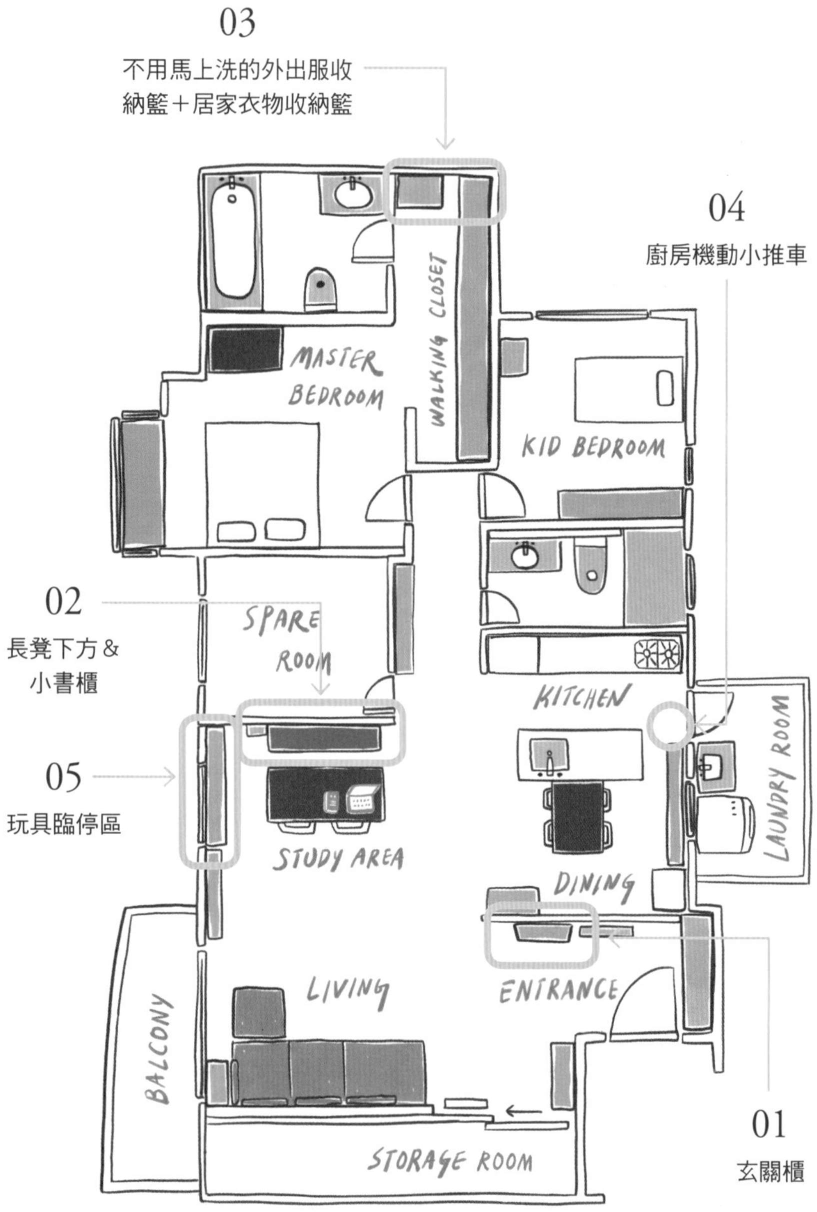

我家的每個生活區塊都有設置臨停區。

想要好好收納，不能不把人的惰性考量進去，要我把每樣東西馬上放進抽屜或是櫃子裡，說真的我也辦不到，有些東西可能短時間內持續會用到，收了也是等著馬上被拿出來，人生已諸多煩惱，何必為此苦苦相逼。

所以，我提倡的收納法不是走一種很極端的路線，對我而言那太違背人性了，把遊戲規則設得過高，也只是等著被破壞而已，家是生活的地方，還是要讓人保有輕鬆的生活感才行。

如果跟我一樣很懶又怕亂，到底該怎麼辦呢？

我折衷的作法是在每個生活區塊，因應使用行為設立物品臨停區，**讓暫時不需要收進櫃子裡的東西，有個隨手擱置、卻不至於造成環境混亂的空間**。這就是為什麼，我家雖然放眼過去櫃子不多，卻不會讓東西沒地方收而顯得亂的小祕訣。

主婦家的實例分享

01 玄關櫃

前面提過，從外面帶回，或準備隔天要帶出門的東西，可先暫放於此。

02 工作桌長凳下方的收納格＋旁邊的小書櫃

新家工作書桌頗大，若家中有聚會，它會充當餐桌。為了能迅速將桌上的筆電、文件雜物收一收，我在長凳下方做了收納格，彎個腰就可以把東西藏起來，十秒開門見客，這種神不知鬼不覺的收納最棒了。

此外，我也在椅凳旁放一個小巧的書櫃，常用的文具、近期常看的書，或是充電線、耳機等小物，往旁邊放即可，桌上容易維持整潔。

椅凳旁的書櫃，可放常用的文具、或充電線、耳機等小物。

03 不用馬上洗的外出服收納籃＋居家衣物收納籃

到了秋冬季節，每次回家把衣服換下來時就會陷入天人交戰，像毛衣、針織衫，不需要每穿一次就洗（莫非只有我特別胎哥），但穿過的衣服摺回衣櫃又不妥，除了衛生問題，穿過後多少會有濕氣，摺回去放久容易發黃。那這些衣服要收哪？

通常就是東披西掛，像是先丟床上，等要睡覺時再移去椅背上，臥室總有一群苟延殘喘的衣服，直到有一天抽到上上籤被拿去洗，才有再回到衣櫃的機會。

臥室另一個亂源就是出門前會換下的睡衣或居家服，想著今晚會再穿，就不肯老老實實把人家摺起收好，趕著出門時更是隨手一扔，這讓每晚與你深情相擁的睡衣情何以堪！

為了解決這些窘境，新家的更衣間衣櫃沒有做好做滿，而是留一些彈性空間讓我放網籃，穿過但還不需要洗的衣服跟居家服，都有妥善的臨時收容所，換衣服時可隨手歸位，我的臥室再也不怕突擊檢查，你們隨時可以進來看（說說而已，別真的衝來我家）。

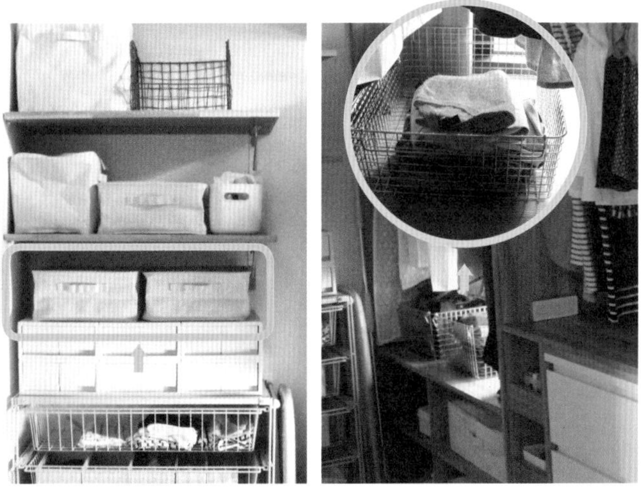

留一些彈性空間放衣物暫放籃，不需要馬上洗的衣服都有妥善的臨時收容所。

04 廚房的機動小推車

我廚房的每個收納櫃都依照我的使用習慣與動線，被賦予明確的任務，各司其職，唯獨有一個小推車，從進我家門的那一刻就不知道要幹什麼，算是爽缺一枚，但這小推車之所以無所事事是我的規劃，大家不要太苛責它。

它平常是過得很悠哉沒錯，但在特別的日子，我會把它作為機動式的收納檯面，像是家中有聚會，我會在中島櫃備料，把準備好的食材放在推車上，再拉去瓦斯臺料理，這樣我的工作動線會更流暢，檯面上也不會堆積過多鍋碗瓢盆，讓廚房變得雜亂不堪。

平時閒置的小推車，特別的日子會化身成機動式收納檯面。

05 兒子玩具臨停區

兒子開始上學後，每天早上我最怕換好衣服從房間走出來時，他正卯起來蓋樂高，那畫面我看到都會背脊一涼，是個永無止盡的深淵，因為要他收手，還不如把他手打斷比較快。後來我發現，只要能讓他把玩到一半的東西暫時收起來，下課回家後可以繼續蓋，他就願意配合了。

不過，兒子蓋一半的東西，放在玩具收納區前的地板上，不但看起來亂，也會妨礙掃地機器人工作，後來我幫這些未完待續的玩具規劃了臨停區，提供充足的檯面空間，他知道能收哪，心裡踏實多了（沒錯！單純就是我替他覺得踏實，他只覺得我比較少為此罵他了）。

第3章

用簡單概念設計更衣間、晾衣間，便宜又好用！

花點時間做功課，搭配自己的使用習慣，打造出合用的更衣及晾衣空間。

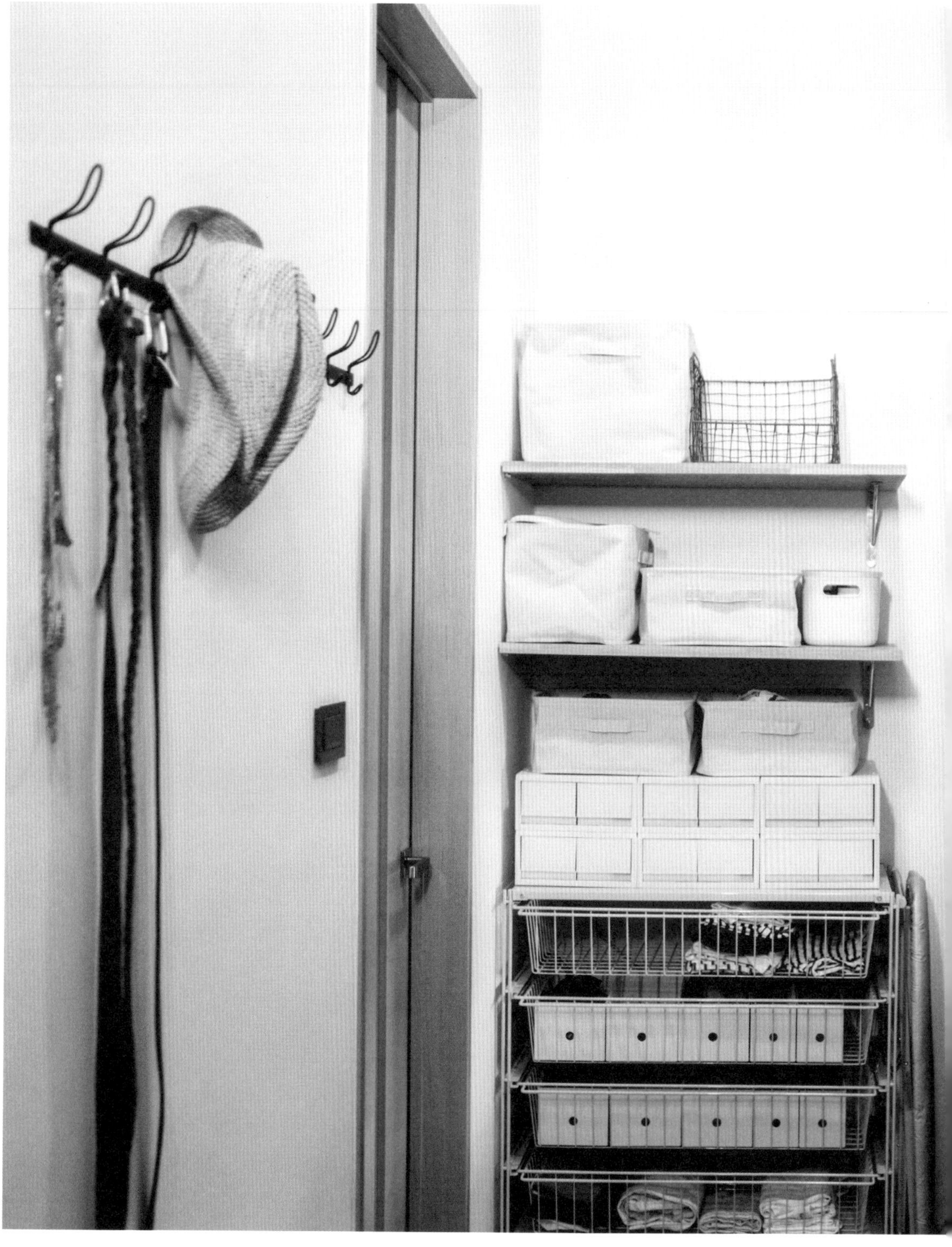

H O W

HOW

突破系統櫃的框架與公式，省錢打造合用的更衣間

構成好用的元素很簡單，就是把「所需的功能」釐清再一次滿足！

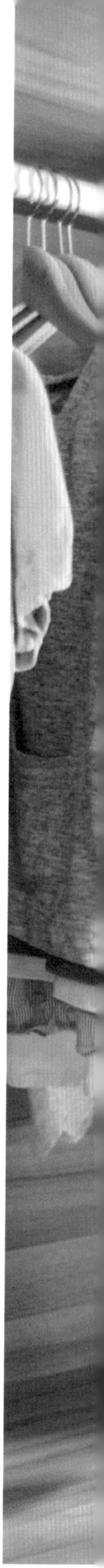

我們新家主臥有配更衣間，兩年前我迫不及待拿著格局圖去幾家系統櫃業者詢價，想要打造一個夢幻更衣間。

他們拿尺量一量圖面後，口頭跟我報價說大概要三十多萬，一聽我臉當場像顏面失調一樣歪掉。我們家更衣間沒多大啊，實在無法接受光耗在更衣間的預算就要那麼高，雖然店員跟我說還有一些折扣空間，但怎麼折都會超過二十五萬，我自知口袋不夠深，只好摸摸鼻子閃人。

後來想說，大概因為我找的是大品牌比較貴吧，就上網再多查了一下，四處打聽，找到另一家報價比較平實，聽說是很多設計師選用的品牌，但一問下來也要十多萬，而且是最基本的配置，如果我要加網籃或是其他五金，費用都會增加。

我只剩兩條路，要馬就是接受系統櫃的高價，要馬就是接受自己的溢生，可想而知我選了後者（寒風中吃雨）。

不想花大錢，那就多花點時間做功課吧。當我看越多系統櫃的案例，發現構成好用的元素說起來很簡單，搭配自己的使用習慣，把需要的功能拉出來，想辦法滿足，就不用被系統傢俱的公式套牢，用省錢的方式也能打造出合用的更衣間。

主婦版的更衣間收納規劃表

在規劃更衣間時，我先把需要收納的衣物，跟其適合的收納方式整理出來，搭配各分類的量來分配空間比重（請見左表）。

這樣思考過一輪後，發現雖然系統櫃的更衣間設計琳琅滿目，但我需要的功能原來如此單純，那就用最簡單的方式來規劃，整體下來只花了幾萬塊，重點是實際上非常好用，空間看起來更是清爽許多。

收納物品	收納方式規劃	櫃位比重
外套、襯衫、洋裝	吊桿	高
褲子	吊桿或抽屜櫃	低
毛衣、T恤等容易變形的上衣	抽屜櫃	中
內衣褲、襪子	抽屜櫃	低
浴巾、毛巾	一般會收在抽屜櫃，但因為很蓬，會佔掉抽屜櫃太多空間，所以改成用無印良品的拉鍊收納盒，另外放在層架上。	低
圍巾、披巾	一樣很佔空間，所以改成用無印良品的拉鍊收納盒，另外放在層架上。	低
床單	一樣很佔空間，所以改成用無印良品的拉鍊收納盒，另外放在層架上。	低
包包	我包包算少，平常帶小孩都是揹後背包，所以包包間的替換率很低，就簡單整理在一個網籃裡，放在層架上。	低
冬被或客用枕頭	很少拿取，就放在含有門片的上櫃。	低

POINT

更衣間規劃重點提醒

❶ 上半部為吊掛區

分配好我跟老公的衣櫃空間後，請木工把框架做出來，並且將上半部做為吊掛區。

❷ 下半部做抽屜櫃收納區

比較費工的抽屜櫃，直接買 IKEA 的，請木工先預留好空間，最後再塞進去即可。

❸ 網籃抽屜放常穿的衣服

此為無印良品的網籃抽屜，裡面可以放常穿的便衣，方便頻繁拿取。

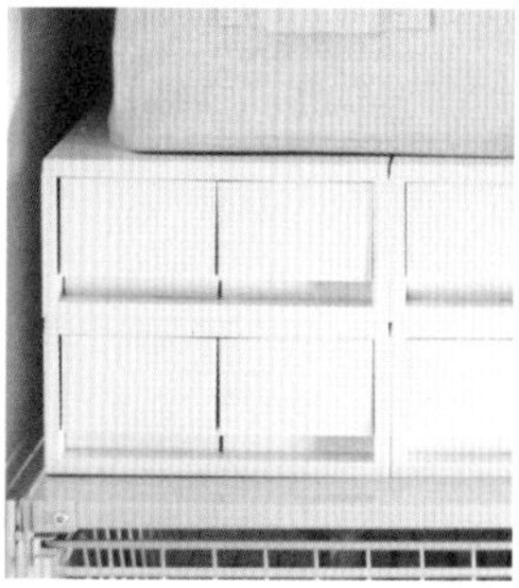

❹ PP收納抽屜收內褲襪子

買無印良品 PP 收納抽屜，襪子內褲摺了放裡面剛好。

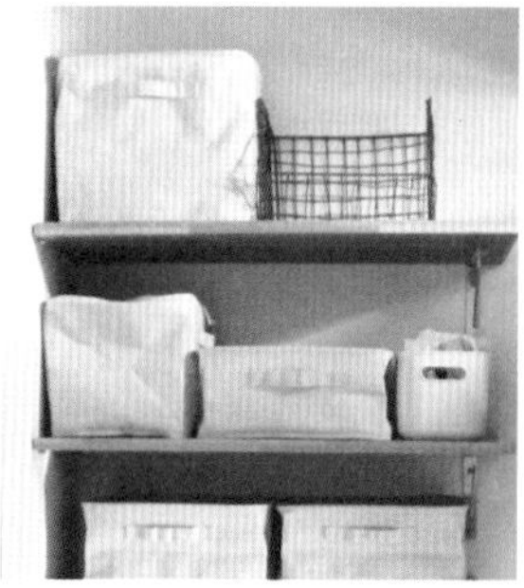

❺ 層板增加收納空間

牆面還有空間，就釘兩片層板，增加靈活的使用空間。

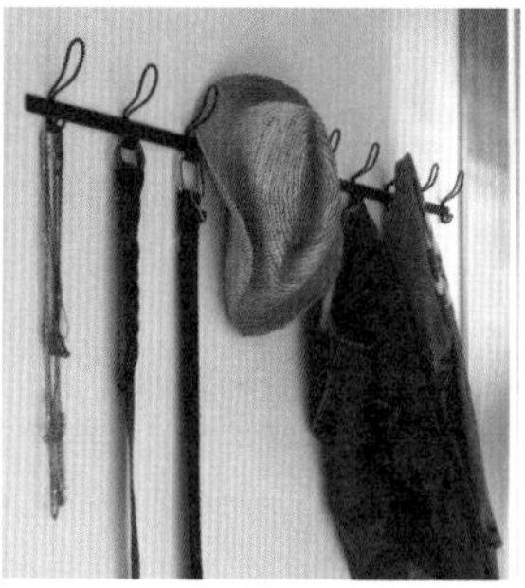

❻ 掛勾掛配件小物

在牆上釘掛勾，可以掛項鍊、皮帶、帽子或居家外套等。

我認為有點NG的更衣間設計

徹底了解自己的使用、收納需求後，再回頭去看一些常見的更衣間設計，發現很多並不實用，以下是我的經驗提醒，給大家做為思考、檢視的方向，希望不要花大錢還不好用，那也太可惜了！

NG 下半部滿是吊桿，抽屜櫃太少

除非衣櫥、更衣間很大，不然在衣櫃下半部也做吊桿，肯定會犧牲掉抽屜櫃的空間，因為抽屜櫃總不可能放在上半部。

我曾經看過設計師在衣櫃做一堆吊桿，只留三格抽屜櫃給我的一對夫婦友人。就算有許多需要吊掛的衣服，這樣的分配比重還是太失衡了，總有些無論如何必須摺起收在抽屜裡的東西，三格絕對不夠兩個人使用。

所以，衣櫃下半部，請優先考慮做抽屜櫃，除非設想過覺得抽屜櫃收納空間已足夠，再拿來做吊桿。

NG 於高處做開放式收納格，而且還超深

這是讓我最不解的一種設計，這種收納格因為搭配旁邊吊桿區的尺寸，都很深（約 60 公分），如果拿來收摺好的衣服，勢必會分內外層，內層的衣服會很難拿。比較合理的是拿來收棉被、枕頭或是浴巾等大件物品，但除非有門片，不然怕有灰塵。

我看了很多朋友家的實際使用案例，這種高處的大型開放收納格，多半讓人不知該如何使用才好，最後就是亂塞，用得如此不稱心如意，卻硬生生吃掉許多珍貴的收納空間。

解決方案

為了避開上述兩個頭痛設計，我新家上半部直接全做吊桿，下半部放抽屜櫃，同時留一區做開放式收納格，搭配籃子超好用。

NG 抽屜櫃內抽高度太高

抽屜櫃內抽高度太高，看似可以收很多衣服，但層層堆疊後會很難拿，通常穿來穿去就是表層那幾件，造成無形的浪費（衣服一堆卻沒在穿）。

若把衣服照我的方式收納，會最省空間、也方便拿取，依此收法，16～24 公分的高度是最好用的（T恤、薄長袖16公分即可、厚毛衣可用24公分的）。

訂做或是採購抽屜櫃時，先概估各類衣物的總量，進而分配抽屜櫃格數及高度，而不是一股腦把抽屜做到最高，才可有效將抽屜空間的運用極大化。

延伸報導

小孩的衣物要如何收納與管理

小孩的衣服明明小小一件，但累積起來卻往往讓爸媽覺得喘不過氣，試著養成以下幾個習慣，改善這個困境吧！

習慣①

定期淘汰

小孩長得很快，衣服能撐個兩年就算不錯了，每年換季時，務必定期淘汰掉舊衣，釋放空間出來。

習慣②

不要勉強收下不喜歡的恩典牌二手衣

礙於人情壓力，勉為其難拿了恩典牌又不穿，堆在哪都不是。我是覺得不要拿最省事，但如果實在盛情難卻，那就留幾件雖不是你的菜，但材質還算簡單舒適的、且尺寸合適的（太大的絕對不要囤，你幹嘛浪費空間囤你現在就不喜歡的衣服，是有信心以後品味會變差膩），接著統一收在一籃，作為孩子的「搗蛋服」，像是玩水彩、去公園玩泥巴時穿，這樣衣服弄髒了也不心疼；甚至外出過夜時，準備幾件當睡衣，穿過後直接丟棄，節省回程行李空間。

其他實在吞不下去的就不要折磨自己，轉送到慈善機構給更需要的人，我覺得是不失禮又實際的作法。

習慣③

想留給老二、老三的衣服，務必分好尺寸・季節，再分裝收好

除非小孩年紀接很近，不然衣服一留可能就是兩三年，建議用真空包吸起來，節省空間又防潮。既然收了，就是希望有天很容易能再拿出來穿，所以怎樣收之後才能好拿，必須先設想清楚。

我會建議衣物都依照衣服尺寸以及季節分類再分裝，譬如90cm的夏衣一包、90cm的冬衣一包，不要貪圖一時方便全部混在一起。之後就可以依照當下的需求，拿合適的那袋出來整理就好，後續的流程會方便許多。

習慣④

利用收納籃讓小孩衣服整齊排好

小孩衣服因為小件，摺起來放很容易東倒西歪，看起來永遠像一堆爛泥。試著在抽屜櫃裡用收納籃做隔間，小孩的衣服就可以輕鬆又整齊排進去，衣服會好收好拿許多。

習慣⑤

不要替小孩囤未來可以穿的衣服

明明連管理小孩當下的衣物都覺得困難了，卻還收著「未來有天可以穿」的，到底是多想不開。而且要在對的時機把對的尺寸挖出來並不容易，經常是小孩已經長太大，或是過季了。所以即便遇到大打折，也要忍住幫小孩買至少兩、三年後才能穿的衣服，無論如何，都買當下可以穿，頂多略大的就好。

習慣⑥

衣櫃層板上放置PP抽屜盒增加收納空間

衣櫃吊衣桿下方，通常會有一塊閒置空間，很多人就是在那不斷堆疊衣服，抽一件出來就可能引發土石流。其實，只要在上方放PP抽屜盒，就會當場多出好幾格的收納空間可運用，收大人或小孩的衣物都很好用。

HOW

讓我終於愛上洗衣、晾衣的後陽台規劃

洗衣晾衣也要留意動線……

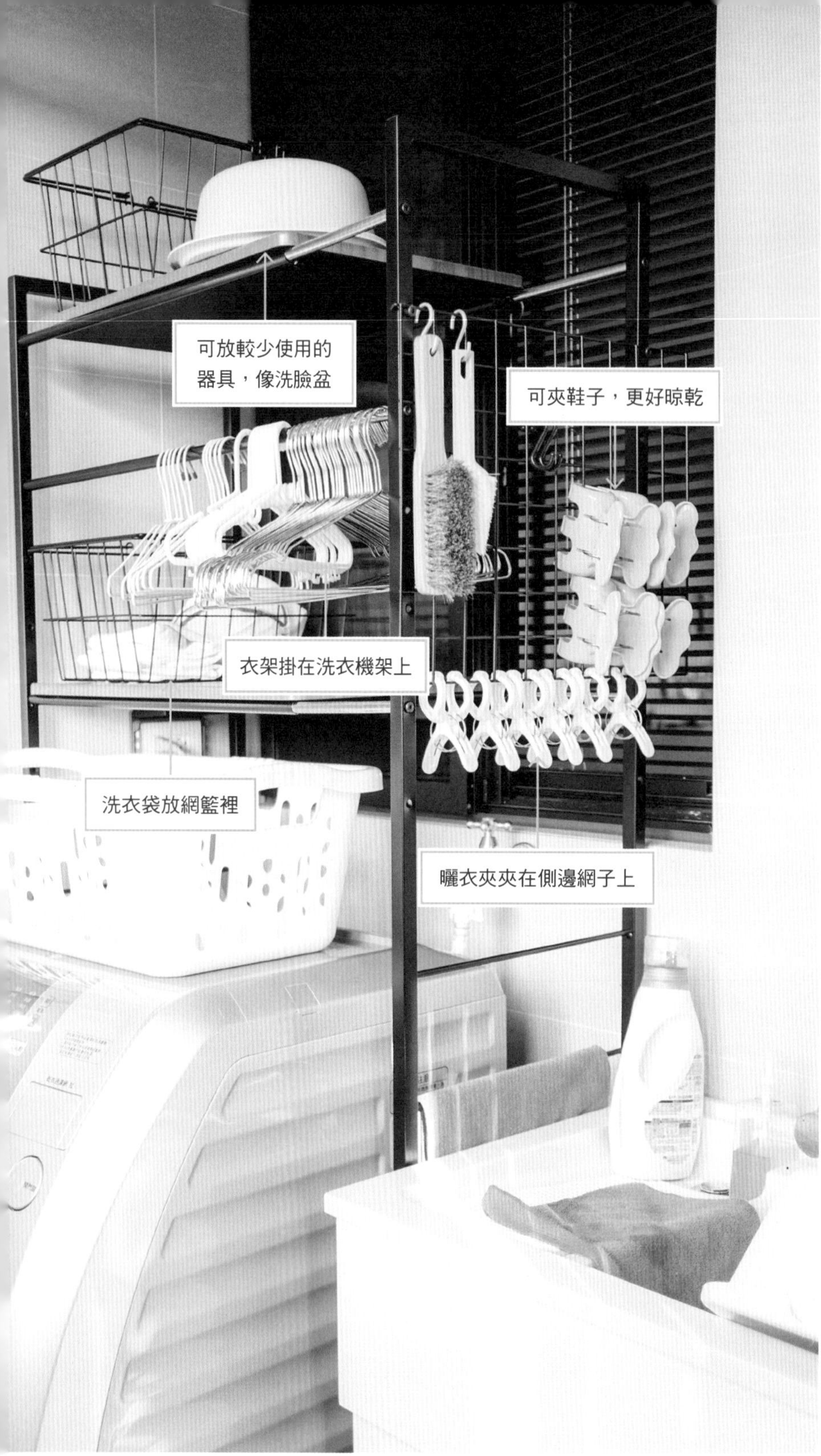

洗衣服是我最討厭的家務事，當然把衣服丟進洗衣機沒什麼，我所討厭是之後的事情，從晾衣服、收衣服、摺衣服，一路到把衣服歸位我全都討厭（崩潰把衣服灑滿地），但偏偏是主婦日常最躲不掉的事情，且有了小孩洗衣服的頻率更高，我再討厭也得做，不然怎麼辦。還好搬到新家後，後陽台的工作空間跟動線更好了，我竟然也就開始喜歡洗衣服，來看看我是怎麼調整的吧！

洗衣機上方增加儲物空間

工作陽台說起來還有蠻多東西的，如果沒有妥善的收納處，洗曬衣服的效率會大打折扣，所以我在新家買了一個洗衣機架，讓洗衣機上方增加了許多收納空間。

①衣架掛在洗衣機架上。
②洗衣袋放網籃裡。
③曬衣夾夾在側邊網子上。
④可夾鞋子，更好晾乾。
⑤可放較少使用的器具，像洗臉盆。

把衣架掛在洗衣機架上，對我而言是最重要的改變。過去我沒特別找地方收衣架，收衣服時總是用不耐的態度把衣服扯下來，所有衣架繼續晾在衣桿上，但這一時的懶惰，讓下次曬衣服時更加麻煩，我還得把衣架拿下來才能再晾，根本惡性循環！

現在衣架有地方收，我把衣服收下後就會順手會將衣架歸位，下次晾衣服的ＳＯＰ會有效縮短，而且衣架也不會因為長期掛在桿子上累積厚厚灰塵。

坊間有不少針對衣架收納的設計，可以上網查查，找個最合用的來試試喔！

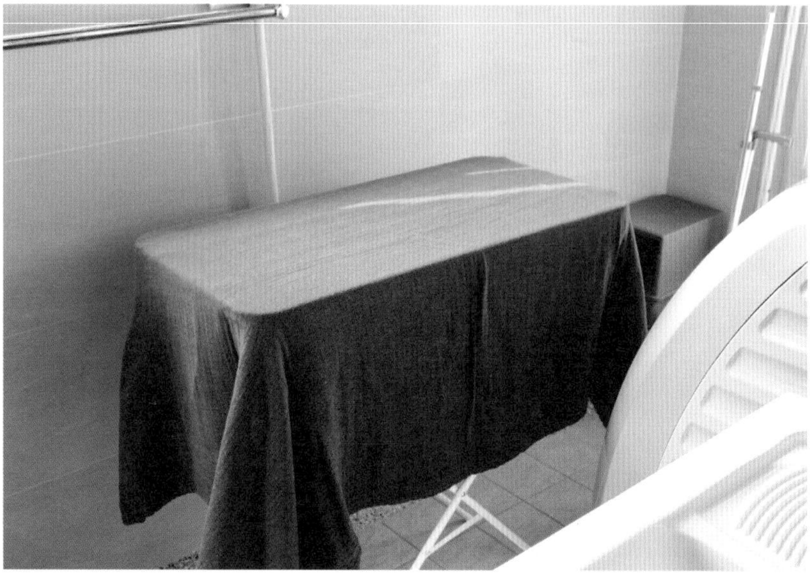

收摺式晾衣架是晾衣的靈活好助手！

收摺式晾衣架可備用

有小孩的家庭，不時會遇到洗衣量爆炸的悲劇，像是小孩突然生病吐滿床或是尿床，上幼兒園的小孩更是定期要洗睡袋，就算沒小孩，旅行後的洗衣量也夠讓人雙膝跪地了。備著收摺式晾衣架，會多出很多隨機應變的空間，就不用擔心晾衣桿不夠晾啦。

寬大洗衣籃很適合拿來收衣服。

寬大洗衣籃，收摺衣服好夥伴

以前覺得這種寬大的洗衣籃很佔空間，但發現拿它來收衣服非常合適，因為空間寬敞，衣服披在裡面比較不怕弄皺，而且摺好的衣服可以分批疊好，再拿去各個衣櫃歸位，不用用手拿、跑好幾趟，很方便呢！

延伸報導

主婦家事生活中的好幫手

如獲至寶——

自製天然清潔劑

過去我雖然不是什麼打掃多細多強的人，但家中的瓶瓶罐罐清潔用品可是一點都不少，好像買越多就會讓自己更勤奮打掃一樣，買保庇的。

三年多前準備去生產前夕，因為不確定生了兒子還有沒有心力仔細清掃，我開始請家事阿姨定期來家裡打掃，那時阿姨來我家看到那一堆清潔劑，說她因為天天在做，不會用一般坊間賣的，成分太刺激，對環境還有手都不好，她只請我去買白醋跟有噴嘴的瓶罐讓她使用。

因為她來的時候我要照顧剛出生的兒子，其實不太了解她是怎麼幫忙維護的。直到前幾個月，我好奇問這些年來都是用什麼清潔劑，她才跟我說她都是用**白醋＋中性洗碗精＋水**，全家打掃她基本上就是用這個，除非遇到一些特殊材質才會另外想辦法。

被她那麼一說，我才恍然大悟，難怪每次她清完浴室後，我接著進去都會聞到一股淡淡的酸味。以前總以為那是汗味，想說阿姨真是辛苦，在浴室想必是打掃到滿頭大汗吧，搞半天原來那是白醋的味道啊，我就這樣誤會阿姨至少三年啊，想想真不好意思。

成分單純又萬用

知道阿姨的清潔劑配方竟然如此簡單、成分單純又萬用後，真是如獲至寶，搬到新家後，我用小罐子分裝，放在廚房跟浴室都備著，居家清潔全靠這一罐，非常好用，我只要再備著小蘇打粉，就能處理絕大多數的清潔問題，不但省錢，少掉瓶瓶罐罐的浴室跟廚房櫥櫃，看了更是清爽。

之前問阿姨怎麼調配，她說她都憑感覺，**重點是洗碗精不能太多，不然很多泡泡**，會很難擦乾淨。為了要把這個萬用清潔劑分享給眾多主婦們，我自己實驗出了一個很好記的比例，而且跟阿姨做的清潔劑感覺很接近，請大家看仔細囉。

主婦小巧思

萬用清潔劑配方比例

1 : 3 : 5

中性洗碗精　白醋　水

就這樣，①：③：⑤，很好記吧，其實差不多差不多就好，不用太計較。

註：若不喜歡醋的酸味，可以加幾滴精油進去（我自己是用柑橘調的），酸味就會被蓋掉，變得非常好聞呦！

居家清潔全靠它

案例① 冰箱

我的冰箱是鏡面的，開開關關免不了留下一些指紋，噴一噴、再擦一擦，鏡面亮到我拿菜時，抬頭一照，總一再發現自己果真年過三十五了呢（怎麼聽起來有點桑心的感覺）。

案例② 洗臉盆

浴室洗臉盆總是有水垢，還有皂垢，噴一噴，再用海綿輕刷一下，沖掉就變亮晶晶了！

案例③ 水龍頭

浴室水龍頭上面總是有花花的水垢吧，只要噴上一點萬用清潔劑，再用抹布輕輕一擦，就變亮晶晶了！

案例④ 瓦斯爐檯面等

每次炒完菜，瓦斯爐檯面不免會被油噴的亂七八糟，一樣是用這個清潔劑噴一噴，拿海綿刷一刷，最後用**乾抹布**把泡沫擦掉，全程不花五分鐘，就變亮晶晶了！

其他像是IH爐、淋浴門、浴室磁磚地磚、洗碗槽、流理檯面，都可以用這個清潔劑，大面積的平面，還可以加上阿姨用的一招，把乾抹布披在刮刀上，會更快把泡沫水刮乾淨，比較需要注意的大概就是大理石面了，因為比較怕腐蝕，清潔劑的使用上要留意一下。

用洗碗精、醋和水，即能自製超好用的天然清潔劑。

無法想像沒有它——
掃地機器人

一直以來我對掃地機器人都有刻板印象，總認為掃不乾淨、過程中會四處碰撞破壞傢俱，又很吵，還好上一個家不大，我每天拿手持型吸塵器把家裡吸一遍不算麻煩，就這樣過了好幾年。

直到搬家前我到新家，靜靜環顧四周，發現「把家弄得開闊寬敞」這個任務，我執行得還真徹底。客廳沒電視牆、沒茶几、櫃子少，本來想在沙發前找一塊長型的地墊，但終究因為怕積灰塵索性不擺，一眼望去空蕩蕩，又稱家徒四壁。

仔細一想，空間寬闊、地面無雜物，不就是對掃地機器人最友善的工作環境嗎，一轉身赫然發現好幾台掃地機器人拿著履歷表排隊要應徵，我想是時候要張開雙臂、邁向更科技化的主婦生活了，就跑去買一台 iRobot 回家。

幾個月下來，已經無法想像沒有它的生活，新型的掃地機器人吸塵效果令我相當滿意，而且人家頭上現在有裝攝影機，被開天眼後不太會撞來撞去，是很有目的性地在前進，解除我過去的疑慮，還能用手機APP排程或是遠端操控，就算在外臨時想要把家清潔一輪，按個鍵掃地機器人就認份上工，在它的完美服務下，現在我極少需要自己動手吸，每天至少幫我省下二十分鐘的清掃時間，對主婦而言是相當可觀的！

還來得及的話，打造一個適合掃地機器人工作的環境吧，**減少地面的物品，盡可能淨空，事實上這樣的開闊感，對居住者而言也很好生活**，堆積灰塵、藏污納垢的地方少了，自然就可以輕鬆維持整潔，何樂而不為。

主婦最厚重的靠山——洗碗機

說來有點可笑，在規劃新家廚房時，看到建商配了洗碗機，第一直覺是想要退掉，想說我們小家庭應該用不太到吧，那空間拿來多做幾個收納抽屜更實際。

但在做最後決定前，還是認分地先上網爬文做功課，發現跟我有同樣猶豫的人真不少，結果回文一面倒說一定要裝，絕對不會後悔，我想做人不要太鐵齒，還是從善如流裝下去。

實際入住後，我真心覺得洗碗機就像是主婦身後最厚重的靠山，確實小家庭不需要天天用，但有時聚會碗盤多，或剛好就是很懶很累的時候，洗碗機就會在我耳邊，用極度溫柔的口吻跟我說：「做了一桌菜的妳很棒了，今晚就好好休息，洗碗的工作就交給我吧。」如果他是男人我一定會對他動心。有機會的話，還是建議主婦們把洗碗機納入廚房必備家電喔！

曾讓我萬分猶豫的洗碗機，現在超慶幸當初沒退掉。

意想不到的減壓幫手——

電子鍋

日本電子鍋煮出來的飯比較好吃，是流傳多年的傳說，過去礙於廚房空間不夠，我便靠一只大同電鍋陪我闖天下。搬到新家，終於入手電子鍋，我覺得飯有沒有比較好吃見仁見智，但覺得它的定時功能，有效減輕了主婦管理家務一部分壓力。

大同電鍋需要自己抓時間按下開關，過去傍晚帶兒子去公園，還要在時間內趕回家按電鍋，但電子鍋可以預約定時，現在就可以提前安排，**能把一件重要的小事預先做好做滿，帶給主婦意想不到的減壓效果**。

電子鍋的眾多煮飯模式也讓我讚嘆，過去煮紫米、糙米總要泡好幾個小時的水，現在直接用內建的模式，就可以在短時間內煮好，省去事前準備的工作。

終於，電子鍋也成為我廚房不可或缺的好夥伴了！

遠離潮濕又臭曝的惡夢——

毛巾電熱架

北台灣的氣候很潮濕，浴巾掛在濕氣特重的浴室，有時不管怎麼晾都還是潮潮的，甚至產生難以消滅的臭曝味。

新家我直接裝了像歐美飯店那種毛巾電熱架，全家人的浴巾都可以掛上，烘到軟綿綿熱烘烘，再也不臭曝，這是濕冷冬夜讓人舒心的小確幸，跟我有相同困擾的人，一定要設法裝一台！

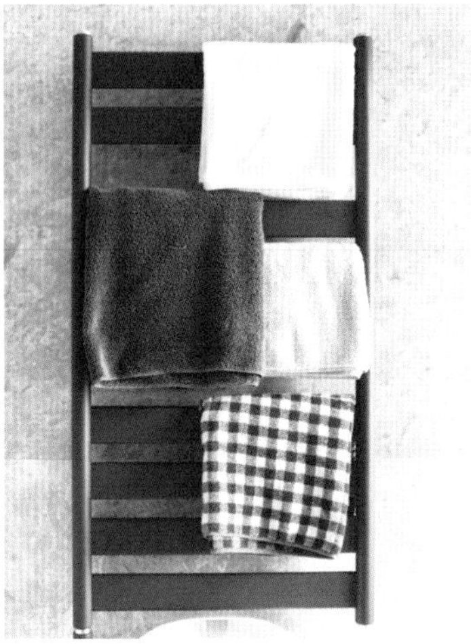

洗衣不再看天氣——

乾衣機

這是粉絲推薦我才知道的好物，那時因為連日大雨，衣服總晾不乾，便上粉絲團宣洩一翻，有幾位粉絲回文說可以買一台乾衣機。搬家後我趕緊買了一台，一用真是驚為天人，雨天或是突然要洗很多衣服時，用乾衣機吹二到四小時，隔天早上再去收的時候已經差不多乾了，現在洗衣服或要幫兒子洗睡袋，再也不用擔心天氣好壞，該洗就洗，多開心啊！

第4章

不過度童趣 又保有變動彈性的親子宅規劃

給孩子開闊明亮的空間，
就是我心目中最理想的親子宅。

H O W

CORONA
UNDERWOOD
YOU HAVE
MY WHOLE
HEART
FOR MY
WHOLE LIFE

HOW

充滿巧思的童趣感，易隨孩子成長而過時

客廳、書房、遊戲空間與兒童房的設計重點

蒐集新家佈置靈感時，每次看到為小孩設計的可愛裝修，腦海中都會浮現粉紅泡泡，想說把兒子放進去那畫面一點都不違和，要不要也把家裡弄成那樣呢（抱起兒子轉圈）？但一多想我就會去拿冰塊水潑臉（也太激烈），讓自己冷靜下來，因為現實是小孩長得飛快，每個階段都有不同的喜好跟需求。

充滿巧思的童趣感，很容易隨著小孩成長而顯得過時，孩子兩歲時所適合的可愛場景，過了三年，可能就有點不搭。

仔細思考後，我決定與其把家弄得可愛，還不如給兒子一個開闊明亮的空間，讓他在家的時候可以自由自在地玩，也替未來保持變動的彈性。有個這個明確的方向，我做了以下規劃：

○沒有電視牆，空間大開闊。
○沒有書房，以大長桌替代。
○沒有專屬遊戲室，要玩就在客廳玩。
○兒童房的童趣感需容易移除。

沒有電視牆，空間感大開闊

我們新家的原始格局是四房，但我們只需要三房，多出的一房直接請建商不用做，公共空間因此變大許多。

不過，如果要在客廳放電視，好不容易打通的空間感會被破壞，因為通常就是在中間做一面電視牆，沙發靠牆，不然就是把電視掛牆上，沙發擺中間，無論如何，都會切割空間，讓客廳變得狹小許多。

但有小孩的家庭，可能跟我們一樣，看電視的習慣徹底改變。我們不再沒事開著電視，反正看了也只是狂幹譙內容很糟糕，一直狂轉台。

常見格局及擺設

若依照傳統思維，做成一堆櫃子、獨立書房／遊戲間，以及電視牆，明明寬闊的空間也變得擁擠。

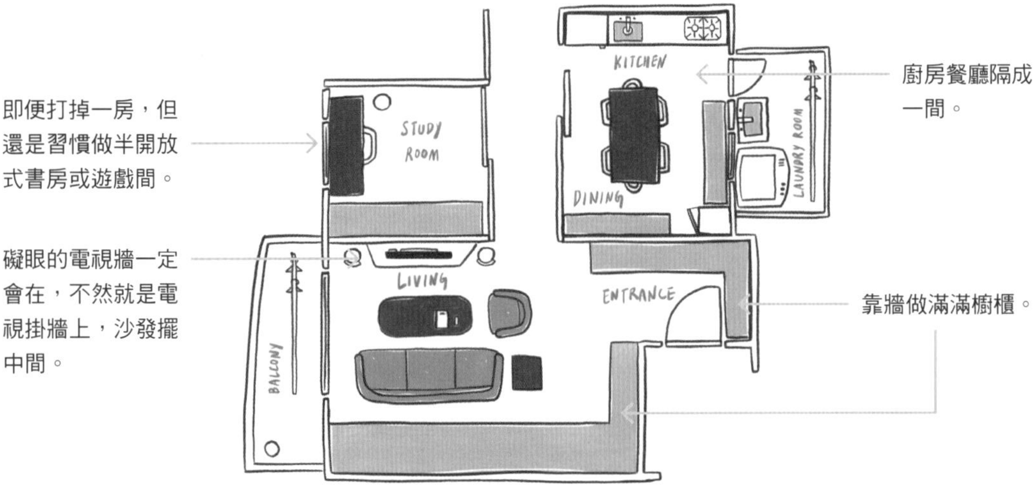
即便打掉一房，但還是習慣做半開放式書房或遊戲間。
礙眼的電視牆一定會在，不然就是電視掛牆上，沙發擺中間。
廚房餐廳隔成一間。
靠牆做滿滿櫥櫃。
KITCHEN
STUDY ROOM
DINING
LAUNDRY ROOM
LIVING
ENTRANCE
BALCONY

轉念一想，既然電視開啟的頻率大幅減少，何必為它浪費寶貴的空間呢？拋下在客廳放電視的慣性思維，改裝投影機，平常螢幕收在天花板，需要時才放下來，客廳的空間因此變大許多，甚至讓我挪用一些空間把儲藏室做更大。

前面說，我們家給人感覺像咖啡廳，除了沒有太多櫃子，另一個關鍵是「沒有電視牆」，整個空間感迥然不同，而且牆面不掛電視，就多一個空間可以佈置，放自己喜歡的海報跟擺飾，居家氛圍徹底升級了！

每次看著兒子在客廳中間滾來滾去一副很爽的樣子，或是盡情把火車軌道拿出來玩、瘋狂嚕車，我總覺得當初這個決定真是太好了！

不做電視牆，空間感更開闊！

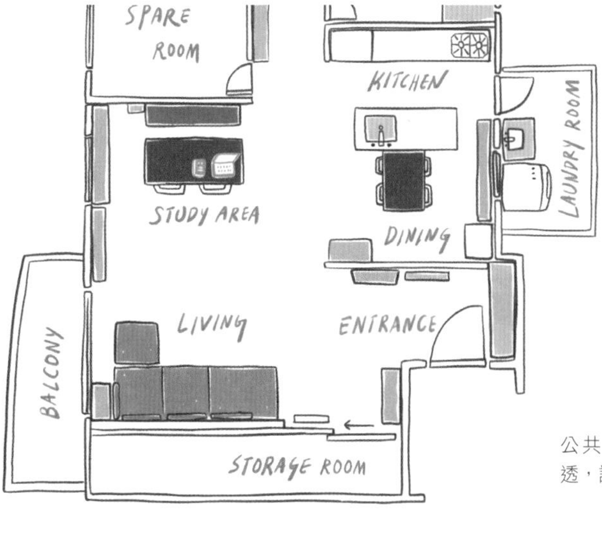

公共空間變得很寬敞通透，讓人感覺像咖啡廳。

拋下在客廳放電視的慣性思維，改裝投影機，空間大開闊！

沒有書房，以大長桌代替

我們家沒有所謂的書房，而是放一個二百公分長的大桌子，讓一家人都可以在上面做自己的事。

我不太喜歡把家裡的格局分太細，除了空間感會受影響外，一家人的生活模式也會因此變得分散。如果家裡有書房，感覺爸爸們吃飽飯會拍拍屁股，說要加班，然後手刀衝進去偷打電玩，把小孩丟給媽媽吧（拍桌）。

還好我跟老公的工作型態不需要獨立書房，也就樂得把空間全部打通，買一張大大的木桌，我跟老公能在此工作、上網、看書，兒子大了也可以在這寫作業。一家大小可以像這樣黏在一起的時光沒幾年，要趁還有機會的時候把握啊（硬摟兒子肩膀）！

在書桌下方安裝地插座，電源線更好拉。

沒有專屬遊戲室，要玩就在客廳玩

很多父母會覺得小孩玩具容易亂，應該要規劃一個遊戲室，但在我看來這是個萬劫不復的深淵，因為……

你以為小孩會自己在裡面玩嗎？
你以為小孩會自己在裡面玩嗎？
你以為小孩會自己在裡面玩嗎？
（回音）

小小孩通常很需要大人陪，他們不見得需要媽媽下海一直陪玩，但會希望媽媽在視線範圍，讓他們有安全感。如果家中有遊戲室，勢必難以脫身，對他們而言，媽媽一走出去等於不見，不管究竟是去後陽台晾衣服，或是去環遊世界對他們都沒差，照樣哭到崩潰給你看。

打造親子共融的空間

如果小孩的遊戲範圍在公共區域，他們隨時看得到媽媽，就會感到安心，有時媽媽在忙，他們可以慢慢練習自己玩，有需要再去找媽媽就好，比較不會產生 all or nothing 兩種極端狀態。當然，小孩還是會有很盧的時候啦，我在忙著準備晚餐，兒子哭著抱我大腿不是沒發生過，但就算大腿上吸著一個小孩，還是可以加減洗個菜、切點蔥花啊，比困在遊戲室什麼都做不了好吧！

有人會問，在客廳玩，難道不怕家裡變得亂七八糟嗎？我反而覺得有遊戲室，多少會讓人覺得玩具沒有歸位就算了，反正明天也會弄亂，關起門念個阿彌陀佛當沒看到就好，缺乏好好收拾的決心，我看過好幾個朋友家的遊戲室，隨時都像被油罐車衝撞過一樣滿目瘡痍。但如果遊戲區在客廳，便有強烈動機堅決要求兒子玩完要收拾好，不要影響環境，兒子漸漸會懂這個規矩，配合收拾。

善用開放式層架來收納玩具

至於玩具收納，我是直接在客廳做開放式層架，沒有刻意使用玩具收納櫃。會這樣做，同樣也是**基於長遠的考量**。我手轉羅盤算了算（瞇眼），小孩玩玩具的高峰，大概就是學齡前（這種大家都知道的事不用算吧），上了小學後對於玩具的依賴會轉移到其他的事物上，像是益智類的桌遊，或是才藝類的課後活動。

與其添購幾年後註定會被淘汰的玩具櫃，不如做運用**彈性最高**的開放式層架，現階段把玩具裝收納盒收在裡面就好，隨著兒子長大，玩具逐漸去蕪存菁，所需的空間變少了，**開放式層架就可以順勢改作其他用途**，當書架或收納其他生活雜貨。

這個作法我覺得很實際又理想，如果裝修房子時，尚未有小孩，但有計畫要生育，強烈建議可以規劃幾個落地的開放式收納櫃，以後孩子生了，再轉變為玩具收納櫃即可，很好隨機應變。

大人與小孩的生活模式及物品，妥善規劃的話，絕對可以在同一空間和平共處，無需過度遷就妥協。這是屬於我們的家，不要童趣到大人在家好像在親子餐廳，也不要精緻到小孩要提心吊膽怕弄壞東西。讓大家都可以自在活動，最舒服。隨著往後生活方式改變，不用大動作重新裝修，做點小調整就可繼續使用，省錢又省力，這就是我理想中的親子宅。

若有計畫生育，建議規劃幾個落地的開放式收納櫃。

兒童房的童趣感需保有改變彈性

準備搬家時，兒子該換床了，不過為了挑到能銜接嬰兒床的床，讓我苦惱好久。

因為兒子睡在嬰兒床裡時，入睡前都會多爾滾上身，翻來覆去好像人生很多煩惱一樣，所以我的首要條件是床要低，免得快睡著又掉下床大哭。不過就算床低，掉下來比較不痛，但是一旦掉下來，入睡儀式還是會被打斷，所以我另外希望有基本圍欄擋住兩側，他才能盡情滾。

最後就是我只要木頭框的，偏偏坊間很多兒童床都走可愛風，床墊尺寸卻是大人尺碼，預設可以睡到長大，但我怎麼想都覺得十年後當兒子變成叛逆國中生，腋下給我偷長毛時，還睡在啾咪可愛床上的畫面很詭異。

找半天，我終究放棄兒童家具這條路，回頭去無印良品看，意外察覺他們的「橡木組合床台」床腳可以拆掉，變成完全貼地的設計。不過圍欄的需求還是沒有被解決，且這種簡約的床無法吸引三歲幼童，媽媽的換床計畫不能因此被推翻（單手轉鐵球），我得繼續尋找可以讓床變得安全可愛，但又不能可愛到他長大會不想睡的方案。

還好皇天不負老媽子，我想到可以在床墊搭屋頂帳篷，跟嬰兒床一樣有包覆感，不怕滾下床，我還在裡面放星星安撫夜燈，晚上一放根本陽明山夜景（也差太多），哪個小孩抗拒得了自己專屬的小天地。

我另外在牆壁漆特殊色油漆，並貼上車子造型的無痕壁貼，讓房間多點童趣與溫暖，卻又不至於太過幼稚可愛。果然，一搬到新家，兒子從第一晚就安然在新床一覺到天亮，嬰兒床對他而言突然像上輩子的事一樣。

過幾年，當兒子覺得自己是男子漢，我只要幾分鐘就能把帳篷、壁貼卸下，把床腳裝回去，增加床底的收納空間。絲毫不費力改成簡約文青風！

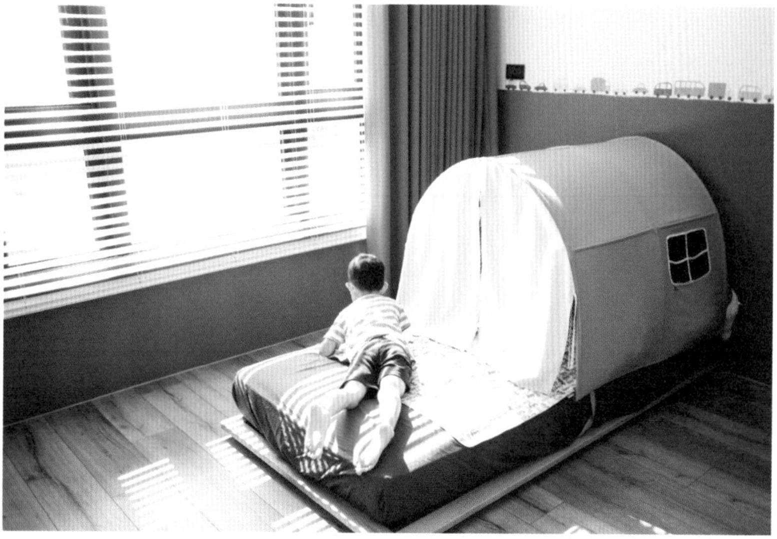

床墊上搭一個屋頂帳篷，孩子們都愛死這種專屬自己的小天地啊！

搞定床後，我再添購吊衣矮櫃（P.104），雖然房間已經有一個主要衣櫃，但我想培養他自行整理衣物、更衣的習慣，有了這個配合他身高的小矮櫃，他進行這些動作都會非常順暢無礙，再搭配幾個籐籃收常穿的衣服，兒子就能練習自己穿衣跟整理。

總結來說，兒童房規劃我有五大政見：

①適可而止的童趣，而且可愛元素必須要容易移除，孩童進入叛逆期才不用再撥經費打掉重練。

②床要低，上頭再用小帳篷遮起來，讓孩童自在滾到入眠。

③有個收納功能充裕的主要衣櫃，但另外搭配獨立小吊衣櫃，培養小孩更衣自理的生活習慣。

④利用特殊色油漆＋無痕壁貼，輕鬆增添兒童房的風格。

⑤房間內的擺設，除了主要衣櫃，其他皆為可移動式，為未來不同階段的變動保留彈性。

以上是我規劃兒子房間時的主要考量及心路歷程，分享給有需要的爸媽啦！

Premium
LIVES

HOW

有小孩仍能維持乾淨整潔的四大祕訣

點燃找回居家生活品質的熱火

小孩具有翻轉世界的能量，只花短短幾個月，就可以把原本出門都要化全妝的女人，搞成連眉毛不畫也沒在管；把原本講話輕聲細語、神態溫柔的女人，搞成隨時破口大罵瀕臨起肖；把本來細膩溫馨、整潔清爽的家，搞成像是世界大戰過後的場景。

絕大多數有小孩的家庭，對於家中變亂這件事，已經消極到放棄治療，覺得這就是有小孩的生活，跟這種現象硬幹只會累死跟氣死。以前身邊朋友也不斷這樣跟我說：「等你生小孩就知道了，你家不會再是這個樣子。」聽得我渾身起寒毛。

但我對亂的承受度實在太低了，且身為全職媽媽，在家的時間很長，如果居家環境沒有整頓好，我心情會很暴躁，所以生了兒子後，也不曾因此跟髒亂妥協，而是想更多辦法，讓我們家可以維持應有的舒適。

想做到當然是需要決心，不過只要運用本書提到的收納原則，另外搭配以下四點提醒，養成習慣後，其實沒有想像中困難：

小提醒①

玩具定期輪調、維持新鮮感才是王道

有小孩的家之所以容易亂，最根本的原因在於玩具過多。

我覺得不斷幫孩子買玩具，某種程度是為了安撫父母內心的焦慮。我們常擔心自己陪伴不夠、擔心小孩無聊、擔心小孩玩具玩膩了，覺得似乎買新玩具，小孩會因此快樂些，有新東西玩也比較不會鬧情緒。

但過多玩具反而讓孩子變得花心，隨便玩幾下就覺得厭倦，無法專注投入挖掘其中的樂趣，最後養成小孩喜新厭舊的習性，大人傷了荷包，小孩失了定性，算是雙輸的局面。

所以，父母腦波要調強一點，不能小孩盧一下就妥協，夫妻齊心（也要努力讓長輩齊心）**堅持住買玩具的原則與時機**，日積月累下來，**家裡就不會被太多玩具充斥，壓縮到生活空間。爸媽可以趁小孩睡的時候，把小孩近期較少玩的玩具藏起來**，小孩都蠻健忘的，**過一陣子再找時機拿出，會有小別勝新婚的神奇效果**，比不斷買新玩具省錢多了！

還有一個重點，藏小孩玩具的祕密基地，千萬不能設在小孩房！我以前就是慣性覺得玩具要收兒子房間櫥櫃，結果每次想藏玩具進去，都被他抓包（那時他還沒上學，跟我如影隨形），平常明明不玩，當下卻給我生離死別哭倒長城，或是把我收好的玩具又挖出來。

搬到新家後，我改成把玩具收在儲藏室，終於可以趁他睡覺時偷偷喬，玩具區的總量控制在一個不會過亂的程度，必要時再從祕密基地撈玩具出來輪調，果然他根本不會發現啊。

小提醒②

教小孩學會收玩具

小孩不肯收玩具是親子大戰最常見的爭端，當孩子玩完了卻拍拍屁股走人，留下爆炸般的現場，真的讓人很想抓起他的領口（太太冷靜點）質問怎麼那麼不負責任，這樣玩後不理對嗎！我從兒子一歲二個月起，開始教他跟我一起收玩具，一路以來，當然我也多次氣到想揍他玩具，但在持續的努力下，我覺得兒子收玩具的習慣算是不錯了，到了三歲多，基本上我可以動動嘴他就開始收，完成度越來越高。沒有什麼了不起、一步登天的方法，總之我是這樣熬過來的，分享給新手父母參考。

方法A

收納方式對小孩而言要容易上手

每個小小孩都是崩潰哥崩潰姐，要他們負責收拾，自然不能讓他們感到困難而輕易作罷。在挑選玩具收納物時，要優先考量小孩好不好拿取，**太緊、太重的抽屜，或是堆疊過高的收納盒都不適合**，讓一歲多小孩可以安全、輕鬆的開合，自行拿取跟放回玩具，是很重要的第一步。

方法B

玩具要明確做分類，但不要分得過細

大人跟小孩都一樣，東西沒有明確定義好要收哪，會感到無所適從而亂收。所以，在引導孩子收玩具時，先把分類定好，像是樂高、車車、積木、軌道、樂器類、拼圖、扮家家酒道具等，每個收納盒收一類東西，小孩其實學得很快，我兒子一歲多就很清楚每樣玩具該收在哪一格，他爸要幫忙收還得先問他咧。

但分類方式務必符合孩子當下的能力，不要分得過細，有時大人會不小心走火入魔，覺得既然要分類，老娘就幫你分到底。邏輯過於複雜，會讓小孩練習收拾時感到挫折，動不動因為分錯被糾正，是沒有必要的，這之間的拿捏要掌握一下。

玩具收納盒最好能瞄見內容物

一歲多的小孩對很多事情的理解還懵懵懂懂，與其說破嘴告訴他玩具要收哪，不如選用透明材質收納盒、挑開口處有隙縫的抽屜，或是在外層貼上玩具的照片，讓小孩用看的就知道該收哪，直覺點，會省去爸媽很多麻煩。

延伸說明

分類與收納玩具的方式，需隨孩子情況不斷調整進化

我和兒子去無印良品添購不同規格，且能清楚看見內容物的透明壓克力盒。

過去我曾經試圖幫兒子依樂高造型分類，但那時對他而言顯然太複雜，分類很快被打亂，我便不再刻意幫他分，只是統一用收納盒裝好。

最近我觀察他玩樂高的行為（四歲），發現他清楚知道需要哪一種樂高，才能把腦海中的東西拼出來，過程中常因此在收納盒裡翻找，甚至把全部倒出來，不但把家裡弄得雜亂，增加收拾的難度，他玩起來也比較沒效率，想蓋的東西蓋不好。

○添購透明壓克力盒及討論如何分類

我想是時候再次帶領他分類樂高了，就去無印良品添購幾種不同規格的透明壓克力盒，為了就是讓他

可以清楚看見內容物。接著我與兒子討論該如何分類，再一一分配到各個抽屜裡，如此調整之下，樂高收納變得整齊、明瞭許多。

現在，兒子可以很明確地去某一個小抽屜裡拿需要的，或是直接把一些抽屜抽出來放地上，玩完再推回去，家裡不再像樂高爆炸現場，他也因此玩得更流暢，需要的零件一下就找到，經常用感動的聲音說：「這樣收，好好用喔～」

○利用淺盤撿散落的小零件

那幾天我持續觀察他是否有辦法順利歸位，還好這小子真的會。而且知道這樣更方便玩後，他比我還堅持要放回正確的分類。

不過我也注意到他耗不少時間，撿散落在地上的小零件，就給他一個淺盤，教他把所有散件先裝在淺盤裡，再一次拿去歸位，他照做之後就收更快了。

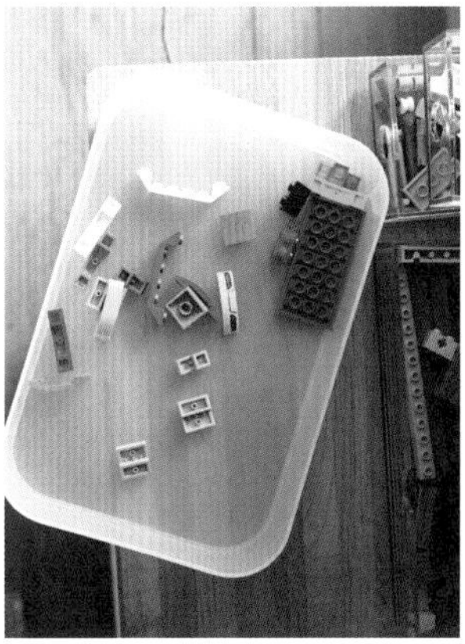

給兒子一個淺盤，教他把所有散落的零件裝在淺盤裡，再拿去歸位。

○觀察孩子的使用行為，打造適合的收納法

簡單說，在改造樂高收納的過程中，我是先**觀察他的使用行為**，再運用透明的收納盒，**打造符合他需求與能力的收納方式**，而且我邀請他**一起討論分類**，**讓他建構自己的分類邏輯**，之後才會知道怎麼收，而不是硬去記我的分法。模式定出來後，我還是持續觀察他的收納行為，**幫助他克服流程中的困難，他親身經歷收納的好處後，習慣自然會被養成**。看著這美好的轉變，我搓鬍鬚竊笑著，林姓主婦的收納魂，看來有成功傳遞一些到兒子身上吧。

方法C 跟孩子分工合作，添點樂趣更好

站在孩子的立場，收玩具本來就很掃興，畢竟玩得好好的突然要停下來，去做其他義務類的事（洗澡、睡覺、吃飯、出門等）。如果父母此時還高高在上，嚴厲命令孩子收玩具，他們很快會覺得收玩具是件沉重到讓他們無法負荷的工作，產生反抗的心態，配合度更低，親子大戰一觸即發。

在孩子還小時（以我自己的經驗，三歲差不多會是一個分隔點）、玩具真的太亂太多，或是小孩明顯太累時，**收起父母的權威**，坐在地上跟他一起收拾，**搭配明確的指示**，像是跟他說「媽媽幫你收拼圖，那你來負責收樂高」，或是直接問他想負責收什麼，就有機會把他們想擺爛的心情拉回現實。

有時，我也會跟兒子玩一些小遊戲，像是讓他用容器假裝是挖土機把一些玩具挖起來收好，或是請他的狗娃娃幫忙收（他就會很白痴地抓起狗狗的手去收），讓他們覺得收玩具也有點好玩，心情就不一樣了。

方法D 收玩具的指令要簡潔明確

開始教兒子收玩具時，我發現怎麼下指令很重要。如果只是跟他說「兒子，該收玩具囉！」他基本上會無動於衷，因為收玩具這個概念對他而言太籠統、範圍太大，收玩具這三個字以光速從左耳衝出右耳，在他腦中什麼都沒留下。

慢慢我學會**把範圍縮小、而且更具體**，像是「兒子，請你把車車收一收」，這種指令對小孩很明確簡單，配合的意願就會比較高。

小提醒③

提供孩子能隨手歸位的環境

很多時候不是小孩不肯練習收，而是**家中的環境讓他們幾乎沒有插手的空間，必須事事找爸媽幫忙**。規劃家中細節的時候，蹲下來用小孩的高度思考，像是在玄關處裝他們伸手可及的掛勾，讓小孩回家就可以自己把外套、包包掛好。

在小孩房放矮櫃，讓他們可以隨手把換下的衣服收好，隨著長大慢慢學習整理自己的日常用品。這些小動作的累積，都有機會讓小孩成為維持居家環境的助力，而非阻力。

在玄關處裝上孩子伸手可及的掛勾。

在孩子房間放矮櫃，讓他們練習把換下的衣服收好。

小提醒④

要小孩收玩具前，先幫助他停下玩的興頭

要讓小孩收玩具，第一步是先要讓他們願意停止玩，這其實是相當困難的階段，特別是在小孩還小的時候，相信所有父母都被考過這題。我自己主要是靠以下四個溝通方法，把兒子從玩玩具的狂熱拉回現實，分享給新手父母參考。

溝通法A 提前預告玩的時間即將結束

小孩是沒有時間觀念的，而且大人之所以急忙催促，是因為我們知道接下來必須要做哪件事，不想因此被耽誤，但這些事件發生的順序跟因果，小孩是不清楚的。

所以換個角度，如果我們眼看再不出門要大塞車了，突然催促小孩別再玩，開始收玩具，這對小孩是多麼突兀的一件事，他們年紀小又還不會表達，一哭二鬧只差沒上吊也是合理反應。當我這樣去理解小孩的行為後，發現是自己的作法太粗魯、霸道，沒有顧及小孩的感受。所以我開始提前預告，提前二十分鐘甚至半小時，接著每十分鐘提醒一次，讓兒子對於即將要發生的事情有所準備，練習幾次後，他對於何時該停手的規矩就越來越好了。

溝通法B 與小孩約定好時間，倒數計時

小孩玩起來很難停下來，如果沒有用具體的時間去約束，只在旁邊不斷碎念，通常是沒什麼效果的。我習慣用十分鐘為單位來跟兒子約定，也會用手機鬧鐘計時。兒子還小時，對於十分鐘當然沒概念，時間到了還是耍賴，我就一次一次跟他練習，在如此堅持與努力下，他

現在對於十分鐘是有感的，而且知道時間到就該停手。

溝通法C　視情況給他一點彈性時間，但只准一次

約定的時間到了，如果小孩又耍賴，大人通常會百般無奈甚至動怒，覺得小孩怎麼可以說話不算話。但是太太呀（搖妳肩膀），小孩的工作就是練肖尾跟說話不算話啊，跟他們太認真計較，我們就輸了。我也曾為了表現我的原則，約定時間一到，就嚴格要求兒子停下，但為此我們產生過無數次悲壯的親子衝突，最後讓我花更多時間去達到目標，還嚴重壞了心情。後來想想，多給他玩幾分鐘，對我其實沒有產生那麼大的影響，但對他卻有種賺到的喜悅感，這個交易是很值得也無傷大雅的。

後來如果情況允許，我會讓他延長三到五分鐘的時間，有時甚至只給他一分鐘就好，但事先說好，延長時間一到，絕對不會再等，如果他還不肯停手，會有相對的後果需要承擔（玩具被沒收，或是因為他耽誤時間，等等不能做他想做的事）。小孩嚐到一點甜頭，原本跟父母敵對的心態就會產生微妙的改變，延長時間結束，他們會比較願意配合收拾。

溝通法D　玩到欲罷不能時，用「進度」來約定結束的點

很多時候小孩不肯停下，是因為他們覺得還沒有「玩完」，覺得我們打斷他們正在進行的大事，但怎樣才叫玩完就很微妙了，大人跟小孩肯定是持不同觀點。

如果我發現兒子找不到停下來的點，我會觀察當下的情況，改成用進度來跟他約束。

像是他在蓋樂高，我會說「那你把車子的輪胎裝好就要停下來」，或在玩黏土時，跟他說，「把這個鬆餅做出來就停」。這樣溝通他反而比較能熄火，因為他覺得有玩到一個段落，甘願了。

美感空間

把生活空間弄得順手好生活了，

最後一起來試著把家弄得更有美感吧！

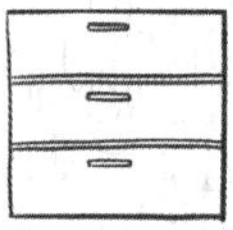

&
Premium 3
LiVES
LIVING & LIFESTYLE MAGAZINE
LIFE WITH PETS
リノベーションで
家づくり
カフェみたいな
暮らしを楽しむ本
COFFEE
5 May
VICTORIA
Crown
LOTION

第5章

用美感解決使用上的問題，就是好設計！

不要盲目追求設計感，最後中看不中用，還花了大錢。

H O W

HOW

出發點不只是為了創造美觀

不盲目追求設計，用設計解決問題的實例解說

這是個設計當道的時代，任何東西冠上「設計」兩字，感覺就好像高人一等，很多人裝修房子時，更是開口閉口要求要有設計感，不過說到底，設計，到底是什麼意思呢？被這樣猛然一問，大概很多人會語塞甚至感到茫然吧。

透過自己裝修房子的過程，我發現若把設計理解成**用有美感的方式去解決使用上的問題**，會豁然開朗許多。有這樣的觀念，就不會盲目追求設計感，最後落得中看不中用的下場。

主婦家的案例分享

回頭看，我為這個家所做的每一件決定，背後都有一個需要解決的情境，出發點從不是單純為了創造美觀。以下舉一些為了解決特定問題所想出的作法，供大家參考看看。

01 鞋櫃

考量鞋櫃容易有異味，我從沒打算用一整面的木片作為門片，不然一段時間後，打開鞋櫃前都會需要憋氣吧。若要通風，一般會用斜片木百葉，但那種設計很容易卡灰塵，不好清潔，且做工較複雜，製作成本會比較高，所以我直接請木工師傅於木片間留細縫，用最簡單的方式解決問題。

02 玄關牆

把廚房改成開放式後，我們家就有開門見灶的問題，就算不在意風水，也不希望一開門全家就被看光光，不留點給人探聽。而且玄關對我而言非常重要，我需要一面牆把玄關空間定義出來，才好規劃相對的收納。

至於玄關牆怎麼做，說真的我龜毛超級久，一直到裝修師傅都進場了還沒想好定案。總覺得我不是專業的，要憑空想像太難，需要等整體空間感都出來後，比較好決定玄關牆該怎麼做。還好在工序上這本來就是很後面的工程，幫自己爭取到至少三個月的猶豫期。

最初是想要用老木頭拼貼成一面牆，就氛圍而言應該是很不錯，但隨著家中的裝修一點一滴成型後，覺得我把廚房改成開放式，又捨棄一面電視牆把空間弄得方正開闊，如果最後用一大道玄關牆把進門的視線遮掉大半，是裝笑維嗎？

茅塞頓開後，開門見灶的問題，最後是用鐵窗＋毛玻璃來解決，毛玻璃雖有遮蔽效果，但保有隱約的穿透感，讓視覺上不那麼死板。其他的部分，則是用木板做成半牆，再請師傅在表層塗上硅藻土，藉此把玄關空間明確隔出，卻又不至於造成視覺上的壓迫。

鐵窗＋毛玻璃＋硅藻土矮牆，解決了開門見灶的問題，又保有穿透的開闊感。

03 沙發水泥矮牆

我家客廳沒茶几，但仍有一些雜物（遙控器、護手霜等）需要找地方放，就做了一個沙發矮牆，上面還可以放一些小擺設品。剛好我挑的沙發屬於矮背，兩個襯托在一起很合適，讓沙發牆有了層次。

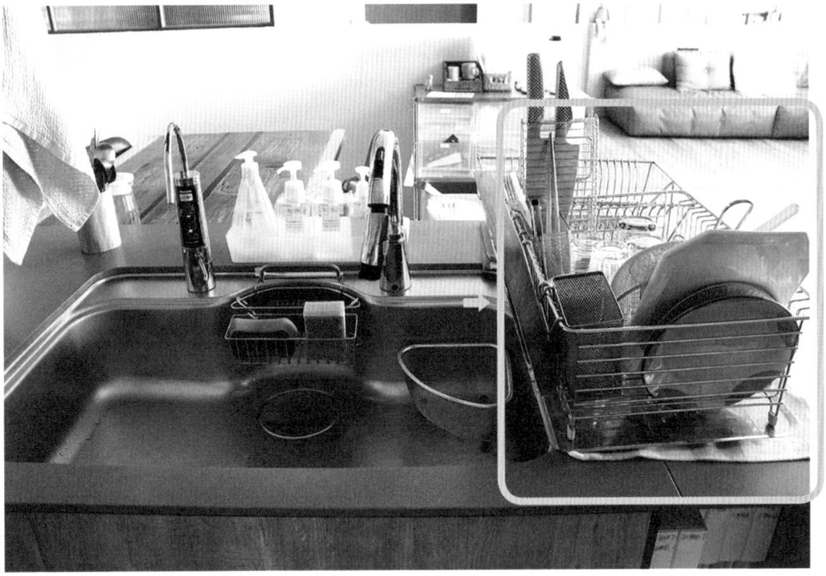

04 廚房中島櫥櫃延伸檯面

我向來不喜歡在水槽裡放瀝碗架，很佔空間，要洗人一點的鍋子很困難，東西晾在裡面因為兩側沒通風也很難乾，且好不容易晾乾，洗個東西不小心又噴濕。

搬到新家後，我想要擺脫這種內建式瀝碗架，就在水槽右側做了一個延伸的檯面，上面放無印良品跟 **IKEA** 的瀝碗架，不但增加瀝碗空間、水槽內的空間徹底變大，洗菜、洗鍋、洗碗都變得方便無比，整體的動線也變得更順手了。

牆面設計的案例分享

捨棄電視牆，減少不必要的櫥櫃，把牆面的空間釋放出來，就可以有更多的方法讓家充滿風格。

01 使用特殊色油漆，經濟實惠、風險低

在牆面漆上特殊色油漆是我最提倡的一個作法，因為非常省錢，幾百塊的油漆就可以塗好幾面牆，卻可以讓家裡風格徹底改變。雖然挑顏色時可能有點選擇障礙，但投資的金額沒有很高，就算買回來局部試擦覺得跟想像不太一樣，再去重挑一罐也不是太傷本的事情。

漆半牆或1/4牆，即便顏色厚重也不會感到壓迫。

我是使用得利的，特殊色油漆顏色選擇成千上百，因此不會固定在商店內陳列販售。可以先在網站上挑好幾個色號，再尋找最近的電腦調色中心，服務人員會直接在現場用機器處理，只要等個十分鐘就可以拿到調好的油漆，非常方便。

02 磁磚不只是浴室專用

在浴室貼磁磚是很理所當然的一件事，其實在浴室以外的空間貼磁磚，會帶來意想不到的效果。新家的流理臺牆面，很早就打定主意要貼一排磁磚，後來想想若把整個廚房、餐廳區域的牆面都貼上磁磚，會比原本留白的牆面好看，就請師傅幫忙全貼了，整體看起來效果很好呢！

03 水泥牆面 低調百搭又耐看

我一直很喜歡水泥牆面很自然樸素的質感，新家的沙發牆，就特別找師傅來幫我砌上水泥，跟家中其他元素，像是老木頭、鐵件，合在一起真是很搭耶！

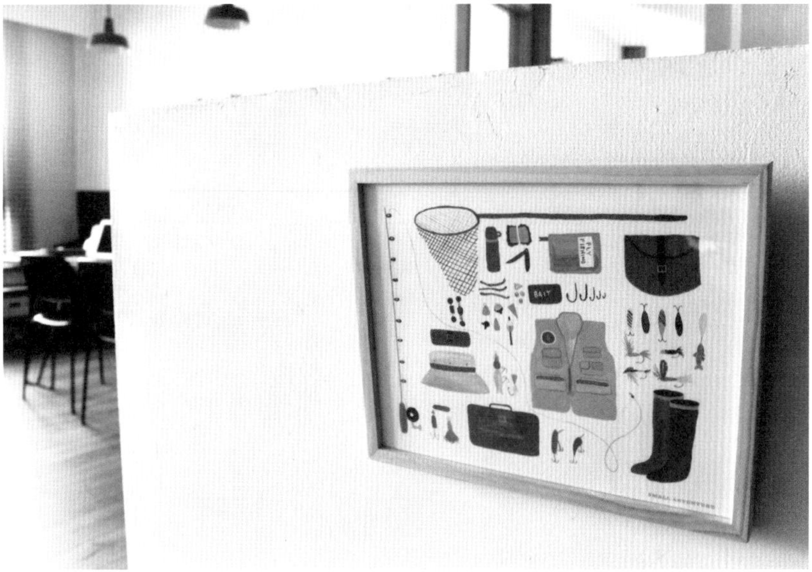

04 珪藻土吸濕又有手感

近年，珪藻土是個很火紅的材質，主要是它有吸濕的功用，被廣泛運用在很多生活用品，像是杯墊、浴室地墊等，也可以塗抹在壁面調節屋內濕氣。

新家的玄關半牆是由木板搭建而成，外層再請師傅幫我塗上珪藻土，並請他不要刻意抹平，保有手感刮痕，藉由材質展現出來的層次感，看上去特別自然、有溫度。

05 可以在牆面上釘雜誌架

我非常喜歡看日本的居家裝修跟料理雜誌，如果全都塞在書櫃裡，總覺得慢慢會遺忘它們的存在，所以請木工特製了雜誌架釘在牆上。封面設計精美的雜誌放出來很有味道，順手拿雜誌來翻閱的頻率也因此變高了。

06 掛海報、畫，會充滿生活感

我有固定收集的日本插畫年曆，搬到新家後，我終於把這些心愛的插畫、海報裱上簡單的木框，隨意往牆上一掛都是風景。

07 開放式層架放置小擺飾品

家中有些層架、檯面可以讓我放小擺飾，幫家裡增添趣味的生活感。但這些小擺飾可不能太多，不然容易生灰塵，看來也雜亂，適可而止就好。

HOW

邏輯簡單的燈光配置建議

不僅省下配置燈泡的費用，還能省去開關電燈的猜謎困擾！

很多人家裡的燈光配置實在太複雜了。我上一個家是二手屋，交屋時屋主苦笑跟我說，設計師幫他做一堆燈，都要搬走了，還搞不清楚燈對應的開關在哪。

入住前我有簡單裝修，把幾盞不必要的燈封了，沒想到住了六年，每次在開關電燈時還是有點用猜的，因為就算簡化過了，還是非常複雜啊！

有前車之鑑，做新家燈光配置時，我盡可能掌握簡單的邏輯。考量間接燈天花板凹槽很難清掃、換燈泡就沒做，全家只用軌道燈、崁燈，另外選幾盞造型簡約、顏色飽滿的北歐風吊燈，掛在餐廳、書桌、床頭上方增添氛圍，整體搭配下來就很好用了，省下許多配置燈泡的費用。

至於軌道燈、崁燈跟吊燈的好處與適用範圍，我自己的理解如下：

軌道燈

軌道燈造型**簡約耐看**，**施工容易**，且軌道裝上後，要裝幾盞燈有相當的**彈性空間**（水電師傅會告訴你，這條軌道最多可以裝到幾盞）。不像崁燈需要預先在天花板挖洞，得盡早決定好位置跟盞數，軌道燈可以等實際感受亮度後，再增減燈泡，這對自己裝修的我而言，減少許多決策上的壓力。

但軌道燈光源較集中，若直視會感到刺眼，還好軌道燈的燈頭可以 360 度旋轉，把燈調到不會對到眼的角度即可，對我沒有造成困擾。

崁燈

承上，兒童房我是用崁燈，因為希望光線平均且柔和，另外像玄關、更衣間、走道等小地方，我也是用崁燈，看起來比較簡單。

吊燈

好看的吊燈，很多是用鎢絲燈泡，會比較耗電、熱，且不會很亮，所以吊燈不會作為主要照明來源，只是用來**增加空間氛圍**，必須與搭配主光源使用。

最後提醒，決定電燈開關時，一定要仔細想過所有可能的居家生活動線，沒有做在動線上的開關，會讓人使用上感到萬般無奈，譬如：夜裡想從臥房走到廚房倒個水，但臥室一出來卻沒有電燈開關，必須摸黑走好幾步才能按到，這類小細節要盡可能設想好。

讓我不撞到黑青的小夜燈

規劃照明時，也可以把特殊使用需求考量進去。像我比我老公晚睡，他都已經睡到打呼了，我才要摸黑進房刷牙再上床，一開門進去根本什麼都看不到，以前就只好拿手機手電筒照一下，好幾次弄巧成拙，光線不小心射到他，他被亮醒都會嘖我好幾聲。

裝修新家時，我就跟水電說，我睡前需要一進房就可以打開一盞「足以讓我不東撞西撞走到浴室刷牙，又不足以把我老公亮醒的燈」，水電就做了相關的配置，我的腳因此少了很多黑青，老公也能一覺到天亮了。

HOW

不想困在家務事中，應該養成的六個小習慣

不讓自己過度勞累，又能維持生活品質！

身為一個生性懶惰的主婦，說自己享受做家事太矯情了，如果不是因為想擁有整潔舒適的居家環境，我更樂意天天躺在沙發上追劇（誰不是）。

面對這些必然的家務事，與其花心力憎恨，每次做每次賭懶，渾身發散強烈的負能量，不如認份一點，用更正面迎戰的態度，**找出讓自己不過度勞累、又能維持一定生活品質的打理模式。**

一個家要舒適宜居，需要很多環節的配合，首先是要避免亂，**亂的家不可能乾淨**，雜物一堆怎麼打掃你說說看，而且亂的家，就算乾淨也沒人看得出來，別自欺欺人了。本書一直強調順手感的收納邏輯，東西用完可以很輕鬆歸位，有形無形就在整理，請務必嘗試。

除此之外，以下還有一些生活習慣對於維護居家環境很有幫助：

小習慣①

克制囤貨的念頭

要意識到，管理物品是一件很費神的事，不但要花時間去買，費力扛回家，找地方收，還得在時間內把東西消耗掉。現代多數人都住在城市裡，採買非常便利，很多東西發現用完才去買，對生活也不會造成什麼影響。

看清囤貨所產生的惡性循環，放下心中無謂的焦慮，試著**買當下需要的東西跟需要的量就好**，如此一來，不但不用在狹小的家找地方收，也不用擔心東西擺到壞。減少需要管理的物品數量，人生肯定會輕鬆許多，家裡還因此更清爽。

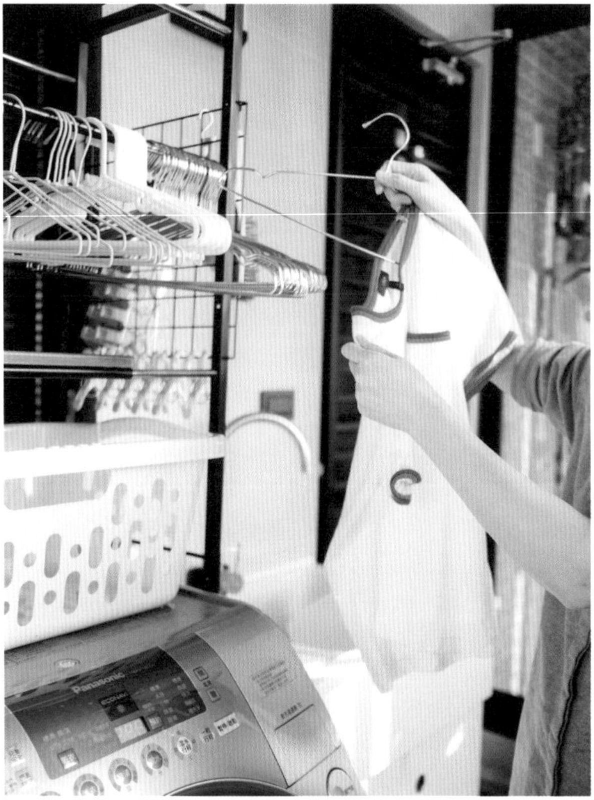

小習慣②

衣服至少兩天洗一次

因為太討厭洗衣服的種種SOP了，還沒生小孩時，我跟老公都是一週才洗一次，想說痛苦的事一週經歷一次就好。但一次要洗一週的衣服，因為量很大，花費的時間更長，往往是讓人發自內心想要罵髒話（其實就是邊曬邊罵），洗衣服跟我就像是永不放過彼此的世仇，交手時總搞到兩敗俱傷。

生了兒子後髒衣量暴增，因為很多髒衣服不能等（吐奶、尿濕都要盡快洗掉），洗衣的頻率被迫拉更高，我心想死定了，這幾年耗在洗衣服上就好啦。過一陣子發現，我這樣每一、兩天洗一次，但**每次只要洗一點，後續程序相對大幅減少，心情反而輕鬆許多**。後來，就算兒子的衣服不再急著洗，我也習慣了這個洗衣頻率，搭配動線良好的工作陽台，終於沒有被整桶髒衣服討債的感覺啦！

小習慣③
爐臺炒完菜就擦拭乾淨

瓦斯爐面的油垢如果沒有當天清除，日積月累下來，等油污徹底乾掉泛黃，清潔起來的費力程度，不是用加倍奉可以形容，本來輕輕一擦就可以搞定的事情，變成要卯起來刷。每次使用完，花三到五分鐘把檯面徹底清潔乾淨，換來不油膩的廚房，很值得的！

小習慣④
順手把碗盤洗起來

除非是計畫要整批丟洗碗機洗，不然當餐的碗盤一定要洗掉，放越久，醬汁、食物殘渣乾掉會越難洗，少量少量洗，一下就洗完，也不會覺得洗碗那麼討厭了。

小習慣⑤
浴室檯面水漬順手擦乾

有水的地方打掃起來特別費力，一來潮濕容易孳生黴菌，二來台灣的水質很硬，容易產生白白的水垢，偏偏台灣浴室很愛用大理石，水垢常吃超深又不好去除。

想讓打掃時輕鬆點，最有效的辦法是**用完就隨手把檯面水漬擦乾、把淋浴門甚至淋浴間地板的水刮掉，盡可能保持乾燥**，自然會有效減少黴菌與水垢的產生，要打掃時沒有太深層的污垢需要去除，也省時省力多了。

另外，像洗手乳等**盥洗用品，放在小托盤上**，檯面就不會有一圈圈黃黃的霉或水垢。

小習慣⑥
每天睡前把屋子reset回到原狀

這是我一直以來很堅持的事，因為隔天早上當我起床走出房門時，很希望迎接我的是溫暖陽光灑進整齊客廳的畫面，讓心情有個美好的開始。

這沒有想像中難做到，只要參考我一再強調的動線收納法，**用完順手歸位，且積極控制生活周遭雜物的量**（意思是一發現有莫名雜物就盡快處理，不要堆積），睡前reset的動作不用三到五分鐘就完成，通常我只需要把杯子洗一洗、把書桌上的文件書籍排整齊，就可以拍拍屁股進房間了。

養成這6個生活小習慣，你會發現，不但日子變得輕鬆愜意容易許多，連整理家務的時間都大幅減少。

HOW

讓設計師更了解你需求的十大思考方向

積極溝通，距離你夢想的家會更近一些。

裝修新家我沒找設計師，主要是出於個人興趣，一方面也因為這是新成屋，沒有水電管線等可怕問題，要改格局可以在客變時提出，由建商處理，整體評估下來，我認為自己裝修的風險相對低，而且有朋友是設計師，真的遇到技術性問題時可以去煩他，就決定放膽照自己的意思去做。

但自己裝修仍是相當瘋狂的一條路，需要靠很多時間、毅力去磨，過程中被各個師傅逼問很多想都沒想過的細節是家常便飯，不管做了多少事前規劃，礙於經驗不足，終究只能走一步算一步，見招拆招。

以結果來看，雖感到心滿意足，但我仍不會一味鼓勵大家自己裝修，說這樣才能省錢，很多情況，特別是屋子改造幅度大時，尋求設計師的專業協助還是必要的。

但即便找設計師，還是要盡可能先了解自己的需求，且充分與對方溝通，不能覺得反正都找設計師了，全程就當個臥佛躺在沙發上，出一張嘴、給一些籠統的想法，剩餘的交給對方去煩惱就好。如果抱著這種心態，最後設計好的房子不符合你的期待與使用需求，也別怪設計師，人家又不是你肚子裡的蛔蟲柳。

我沒有任何室內設計的訓練與背景，不過藉由自己跪著走完的裝修經驗，蠻能體會設計師需要哪些資訊，才能一步步幫業主把家的模樣勾勒出來。很多面向可能屋主從沒考慮過，或是不明白這些資訊跟設計出宜居的房子有什麼關係，我把十大重點整理出來說明，大家在準備裝修之前，可以先思考過一輪，進而作為與設計師溝通的依據，踏出這一步，你會離住進符合夢想的家更近一些。

思考方向①

居住者的興趣

我曾好奇問朋友，設計師在幫他設計新家時，是怎麼跟他們溝通。被這樣一問，他頓時也講不太出來，想了想苦笑跟我說，設計師問他們有什麼興趣，讓他有點摸不著頭緒。

後來我想想，居住者的興趣確實是設計師規劃時很重要的參考依據，知道**是否要做什麼特別的設計來呼應需求，以及了解空間分配的比重該如何拿捏。**

喜歡烹飪就需要做大一點的廚房，且設備要完善；喜歡品酒可能會規劃紅酒櫃；愛露營、騎單車，那可能需要規劃大型物品收納空間；喜歡閱讀可能做多一些書櫃，甚至設計能舒服讀書的角落；愛看電影則可以做家庭劇院；愛插花可以規劃幾個展示花器的地方；愛園藝可以在陽台規劃小花園跟自動灑水系統。

根據興趣而規劃出來的空間，是讓家更個人化的關鍵，不會搞老半天，結果卻像樣品屋，毫無個人特色。

所以，如果有什麼讓你感到熱情的事，都可以提出來跟設計師談談，搞不好會迸出不錯的火花，定義出你家獨有的面貌。

思考方向②

生活習慣

一個房子要設計得細膩，細膩到讓住進去的每個人都感覺到被重視，就不能不把每位成員的生活習慣放心上。

怕吵的人，房子隔音要做好；怕亮的人，臥室窗簾遮光度要很高；若夫妻作息差異很大，那浴室及更衣間的動線可以規劃成任何時間使用，都不會影響到另一人；若家中有人把蹲馬桶的時光視為重要的 me time，那可以馬桶間獨立開來，才不會影響其他人使用；總是愛賴床的兒子，把房間做在離公共空間最近的位置，讓早晨一家人的活動聲響自然造成干擾，而且媽媽在廚房一吼就可以穿透進房，不失為一個辦法。

讓房子好住，靠得絕對不是名貴的傢俱或是成排的系統櫃，而是**以使用者為前提所做的貼心設計**，跟設計師溝通時，試著把生活習慣也列入思考範圍吧！

思考方向③

收納上的需求與困難

大家口口聲聲說重視收納空間規劃，但如果沒有更具體的去說明，**哪些東西需要收納**，**東西量有多少**，以及目前在**收納上遭遇什麼困難**，設計師很難規劃出符合你實際需求的收納空間。

舉例來說，一家人大概有幾雙鞋，有什麼特殊形狀（長靴、雨鞋）的嗎？衣櫃的衣服以什麼類型居多？習慣用掛的還是用摺的？女主人的包包、配件多嗎？廚房的廚具、鍋碗瓢盆多嗎？小孩玩具量大概幾箱？電風扇、暖氣等季節性小家電需要找地方收嗎？吸塵器是手持型、傳統有線式或是掃地機器人？要把它們收哪？書籍多嗎？行李箱有幾個？

除此之外，一直以來對於收納上有什麼特別困擾的地方嗎？像是小孩各式各樣的運動用品不知道收哪好？老公的攝影器材沒地方收？這些問題若好好思考，都有解決的辦法，但必須要你先意識到問題點、進而提出來跟設計師討論才行。

至於每樣東西的多寡很難具體溝通，我會建議**直接請設計師到家裡走一趟**，實際上看過，對於要怎麼規劃收納空間會明朗很多，設計師也可藉此觀察你的生活習慣，設計出比較適合你的使用方式。

思考方向④

家庭成員與家庭計畫

家庭成員有誰？年紀與性別？有什麼特別需要留意的地方？像是外婆很常會來家中過夜，陪小外孫睡，那小孩房的床就找可延伸出額外床位的；或是家有長輩行動不便，需要做無障礙空間等；家人有什麼特別的喜好嗎？孩子們喜歡什麼色調？如果是新婚夫妻，有生育的計畫嗎？

這些都會影響許多設計上的方向與細節，務必把基本概要讓設計師知道。

思考方向⑤

喜歡的風格

我發現，台灣人談到室內設計的風格時，好像一定要套進「XX風」才甘願，像是工業風、北歐風、鄉村風、極簡風，跟設計師溝通時，有可能就是回「我喜歡北歐風」。但這種講法太籠統了，或許每個風格有其代表性的元素，但搭配的方式有非常多種，看越多案例，越感受到風格是難以被制式定義的。

而且，一個家，只能用一種風格嗎？從我家就可得知，答案是否定的。朋友來我家，通常會頓時語塞，因為跟一般的家感覺真的太不同了，但他們又想要說點什麼來表達欣賞，於是看著鐵窗與鐵吊櫃，會說我們家是工業風，接著看到吊燈跟沙發，覺得好像有點北歐風，接著看到有許多木頭材質的傢俱，又覺得疑似無印風，最後越講越混淆，問說到底是什麼風？我就會乾笑飄走，因為我也不知道到底算什麼風，我從未以風格設限過，單純就是把自己喜歡的元素拼湊起來而已。

我會建議大家**跳脫出風格的框架**，與其用如此狹隘的方式來溝通，不如**多靠照片歸納**。我的作法是在 Pinterest 不斷找圖，看到喜歡的就收藏起來，當你收藏到一個程度，通常會看出一些明顯的喜好，挑其中最喜歡的幾張照片，整理給設計師看，跟設計師說你喜歡哪些部分，喜歡的點是什麼，這些會比「XX風」三個字還更能幫助對方抓到你要的感覺。

我喜歡逛Pinterest，看到喜歡的風格就存下來，變成自己的「風格庫」。

思考方向⑥

絕對不喜歡的風格・元素

很多人要他講最喜歡什麼，講不太出來，但講討厭什麼，倒是滔滔不絕頭頭是道。即便如此，對於設計師也會是有用的資訊，因為至少知道哪些風格・元素可以排除，省得瞎子摸象猜你到底要什麼。

像是：我不喜歡花俏、顏色太多彩、粉色系、複雜的線條、奢華感等，避開這些，會幫我往另一個方向靠攏，如果還沒有很了解自己喜歡什麼風格的話，不妨反向用這種切入點來思考吧。

思考方向⑦

生活動線

就如這本書一再強調的，要打造出合宜的收納，生活動線是很重要的一個考量，我因為自己裝修，知道怎樣的規劃對我的生活動線會順手，但設計師不見得會知道那麼多細節，所以在討論設計圖時，記得從生活動線為角度來設想，想想自己每天會在家裡做哪些事，就可能會發現有些設計對你們不合適，適時提出來調整。至於生活動線有哪些可能的考量，可以看前面的章節找些靈感囉！

思考方向⑧

下廚習慣

每個家一定會有廚房，但廚房可做大做小，裡面配置的家電也有很多選擇，一切都要依照你的習慣來打造。

你喜歡下廚嗎？一週頻率為何？一個人煮，還是有時兩個人？喜歡做哪一類的料理（中式大火快炒就要配瓦斯爐，西式輕食居多的話，那IH爐也可以考慮）？需要裝洗碗機或烘碗機嗎？會用烤箱嗎？預計添購哪些小家電？有電器需要220V電壓嗎？這些都要盡可能想好，才知道電源及位置要怎麼配置。

思考方向⑨

禁忌

我不太懂風水，沒有什麼禁忌，但如果有的話，一定要趁早提出來讓設計師知道。像是很忌諱床頭壓樑，那一定要避開，或是用天花板修飾掉；很忌諱門對到廁所，那就要想辦法改位置等；或是其實沒有任何忌諱，家中有樑也無需刻意去遮，也可以讓設計師知道，天花板就不需要包那麼低，家裡的感覺會開闊很多。

思考方向⑩

對於新居的夢想

這是比較大方向的討論，撇開種種細節不談，對新家有什麼夢想、期待，像是希望家裡有好的採光、感覺明亮，或是格局希望開闊方正，希望一家人可以輕鬆聚在一起等。不要認為這樣的想法很空泛，因為**人很容易陷在細節裡糾結，而這些夢想會拉我們回到初衷**，突破盲腸解決一些無謂的選擇障礙。

我在挑廚房壁磚時，差不多把我這輩子的龜毛 quota 都用完了，因為光憑小小一塊樣本，就要憑空想像出弄一大片的樣子，而且一旦做下去，幾乎不可能改，這挑戰多麼艱鉅，差不多像是只給我們看男人的小拇指，就要決定要不要嫁一樣！而且磁磚選擇實在太多，我曾一度迷失在六角磚的世界裡走不出來，磁磚店進進出出好幾次，還是下不了決定。

最後引領我走出迷霧的，就是希望房子簡單明亮的初衷，六角磚比起後來選用的白色方磚，確實是花了些，想清楚這點，決定後不再三心二意，而貼上去後跟整體風格很搭，有一致性。所以掌握住大方向，是有極大幫助的。

以上十大思考方向，希望可以幫助你把所謂的「設計需求」更具體化。

不要認為已經花錢請設計師，為什麼還要自己想這些，他們的專業是在透過設計滿足需求、解決問題，至於需求跟問題有哪些，當然是你自己最清楚，設計師頂多陪著你想，幫你理理頭緒。用這樣的心態與設計師攜手合作，設計出來的家一定是更讓你感動的！

延伸報導

老木頭×老師傅的珍貴傢俱

我非常喜歡老木頭的質感，木柵有家專賣回收老木頭的店叫**上興木材行**，那裡簡直是我的挖寶地，裝修時陸續去了幾次，挑了一些喜歡的檜木老木片大老遠載回家。

還好如此奔波是值得的，我運用這些老木頭，請木工師傅量身製作了好幾個讓我愛不釋手的小傢俱，這些特製的傢俱雖然看上去沒什麼了不起，卻讓我們家有了屬於自己的溫潤氛圍，而且每樣傢俱都是針對我的使用需求打造，要買還買不到，實在太滿意了，就讓我講到嘴角起泡跟大家分享吧！

中島前排層架＋邊櫃

在參考許多裝修照片後，我很早就打定主意，外層美背板要用老木片包。因為檯面有加深至八十五公分，但系統櫃抽屜沒那麼深，檯面背後還有二十公分落差。為了充分運用空間，就請木工用老木頭做成層架，延伸到餐桌區，讓我放吃飯常用到的東西，以後有需要的話，也可以收其他乾貨或雜物。

邊櫃也根據我的需求設計收納空間，在這裡放保鮮袋、夾鍊袋、垃圾桶、紙袋、衛生紙備品等。外層則鎖上兩根桿子，增加了吊掛收納的功能。

老木頭做成的層架、邊櫃，美觀又實用！

廚房雜物收納櫃

入住一段時間後，我發現冰箱旁的檯面開始出現凌亂跡象，我會在那個角落放米杯，常用的玻璃罐跟馬克杯，另外還會在冰箱側邊用磁鐵掛鉤掛東西，每次經過一看會覺得這區的表現很欠管教。

剛好老木頭還剩一些，就把這些雜七雜八的收納整合起來，用老木頭幫每個要收在這區的東西做了專屬櫃位，並且用洞洞板作為背板，加上專屬掛鉤就有了吊掛功能。有這個雜物收納櫃，雜亂的感覺完全消除了，看過去還頗可愛的！

收納矮櫃

書桌旁的窗下空間，一直沒有刻意去找傢俱放，想說不要一開始就做好做滿，反正沒有什麼非擺不可的傢俱，那就保留彈性，等哪天靈感來臨再說吧。

入住半年後，我覺得若在那邊做收納矮櫃，現階段可以做為兒子玩具收納的延伸，上方還可以作為臨時放置物品的檯面（兒子組好或組到一半的樂高、親友來可以放包包等），再搭配老木頭，肯定好看又好用。

決定櫃內尺寸時，是**以無印良品的收納盒為基準**，以後若需要收其他雜物，買無印良品的收納籃（盒）能剛好放入，**中間的層板則請木工做成活動式**，拆掉可以放無印良品正方形的大收納盒，收一些較大型的物品。這樣的設計我覺得超好用呢！

主臥更衣間隔間牆

我們的更衣間不是獨立一間，是利用通往浴室的走道所做，為開放式，為了要讓兩個空間有所區隔，且一眼望去的視線少些凌亂，我用老木頭做了一面隔間牆，朋友來看到都說好像服飾店喔～感覺很不錯吧！

客廳小邊桌

我們家在裝修佈置上的最高原則是保有開闊感，一旦放了茶几，會感覺整個被破壞掉了，茶几橫躺在那邊，怎麼看都覺得礙眼跟礙事。最後是用老木頭做了一個小邊桌，下面裝輪子，邊桌內側有收納隔間放零食。當要看電影時，我就把小邊桌推到沙發前，無論要吃零食或是放飲料都很方便，用完就推回去，機動性高又不佔空間，我給它一百分。

林姓主婦最後心靈喊話

做人要飲水思源，持家要見亂思源

收納習慣的養成與進化，是一輩子的課題，因為我們每個階段所喜愛的物品跟生活方式都不同，特別是家中有小孩的人，居家空間大概每年都需要調整，感受會特別深。

如果以為，看完這本書後，卯起來整理、重新收納一次，往後的人生只要記得把東西放回原處就輕鬆了，那真是大錯特錯，即便我多希望我的書能夠那麼神，跟著做一次就受用一生，也無法昧著良心騙你。

透過這本書，我是想「打開你對於自己及一家人生活方式的雷達」，提醒你時時檢視自己與家人當下的生活習慣，並留意家人與生活物品的互動狀態，把「這個東西還需要嗎？」「這個東西還能被收在哪裡，使用上會更順手？」「這東西怎麼收會看起來更整齊？」三個關鍵問題放在心裡思考。

另外，還有一點很重要的，就是要學會「見亂思源」，人的行為是有慣性的，看見雜亂的現象後，只要往上追討，一定可以找到亂源，從根本的收納方式與動線去改善，通常就能獲得解決，有著這樣的敏銳度，保證你的家會越住越舒服。

我認為，收納的工作是無法外包的，因為沒有人比使用者本人更清楚該收在那裡最好，所以不要忘自菲薄，全世界沒有人比你更能勝任這個任務！不要被動的被物品、環境制約，別忘了你才是老大啊！

YOU HAVE MY WHOLE HEART FOR MY WHOLE LIFE

給兒子的話

出到第三本的書的時候，你已經快四歲了，今年夏天揹起書包去上幼兒園，脫離了天天與我相依為命的日子，正式展開屬於你的新生活。我總想著，此時此刻大概是我人生最美好的時光了。我三十多歲，而你三歲多，我已有些歷練但還有體力陪你玩耍，你已漸漸獨立但還帶有天真逗我發笑，這種期間限定的幸福，稍縱即逝，讓我好捨不得你長大。

曾經不確定要不要當媽，現在看著你，卻覺得好險當時做了正確的選擇，不然你就不會出現在我眼前了呢！把屎把尿的日子告一個段落，接下來媽媽要練習放手，讓你充滿自信大步往前走，我知道的，其實你比我還勇敢，我命中注定的小男孩。

附錄

主婦家的傢俱與用品廠商列表

玄關

01. 鞋櫃・掛衣櫃：木工製作
02. 穿鞋長凳：IKEA YPPERLIG 長凳
03. 玄關櫃：老師傅手工櫃，購於「舊美好・生活器物・古道具」
04. 壁面掛鉤：無印良品橡木三連掛鉤
05. 圓形置物籐籃：購於 A Design&Life Project
06. 各式收納籃：無印良品

客廳・開放式工作／遊戲區

01. 沙發：Hay Mags Sofa，購於集品文創
02. 全身鏡：多年前於富錦樹購入，為日本進口，但品牌不詳。
03. 燈泡吊燈：Frama E27 Pendant，購於集品文創
04. 軟骨頭：無印良品
05. 邊桌：木工製作
06. 壁燈：Hay NOC，購於集品文創
07. 書桌：購於 W2 wood x work
08. 椅子：Hay Soft Edge 10 Chair，購於集品文創
09. 靠牆長凳：木工製作，上方軟墊於永樂市場訂做
10. 桌邊收納櫃：購於 crosstyle
11. 窗邊收納櫃：木工製作
12. 芥末黃吊燈：購於日本居家品牌 Momo Natural
13. 雜誌架：木工製作
14. 各式玩具收納盒：購於無印良品或 IKEA
15. 超耐磨木地板：Kronotex 德國高能得思 裂紋橡木款

餐廳

01. 鐵件吊櫃：〔元素・鐵〕鐵工師傅製作
02. 餐桌：購於 W2 wood x work
03. 椅子：Hay Soft Edge 10 Chair，購於集品文創
04. 兒童餐椅：Stokke
05. 食器棚：購於 W2 wood×work
06. 白色吊燈：購於摩登波麗
07. 不鏽鋼文件雜物櫃：無印良品
08. 不鏽鋼小推車：無印良品

兒童房

01. 床架、床墊：無印良品橡木組合床台／S單人
02. 衣櫃：木工製作
03. 開放式小吊衣櫃：【C'est Chic】原木物語實木開放衣櫃（兒童版）・幅75cm，購於網路平台
04. 汽車無痕壁貼：Tresxics 噗噗車壁貼（灰），購於 Pinkoi 設計品網路平台
05. 兒童床帳篷：購於 iloom 怡倫家居

主臥

01. 床頭吊燈：柒木設計 一盞東西吊燈紅銅，購於集品文創
02. 更衣間抽屜櫃：IKEA MALM 抽屜櫃
03. 更衣間網籃抽屜櫃及各式收納盒・籃：無印良品

附註：持本書至集品文創門市消費，即可享有一次會員專屬折扣，不得與其他優惠合併使用。

國家圖書館出版品預行編目資料

林姓主婦的家務事 3 通體舒暢的順手感・家收納：
打通收納邏輯＋翻轉裝修觀念＋省力家事心法 / 林姓
主婦著 . -- 臺北市：三采文化, 2019.01
面；　公分 . -- (Happy Life ; 24)
ISBN 978-957-658-102-1(平裝)

1. 家政

420　　　　107021555

suncolor 三采文化集團

HAPPY LIFE 24

林姓主婦家務事 3：通體舒暢的順手感・家收納

作者｜ 林姓主婦
副總編輯｜ 鄭微宣　責任編輯｜ 藍尹君
美術主編｜ 藍秀婷　封面設計｜ 池婉珊　內頁排版｜ 陳育彤　梳化｜ 陳琬曄
人物、情境攝影｜ DingDong｜叮咚　物件攝影｜ 林姓主婦　插畫｜ Illustrator ceci
專案經理｜ 張育珊　行銷企劃｜ 周傳雅

發行人｜ 張輝明　總編輯｜ 曾雅青　發行所｜ 三采文化股份有限公司
地址｜ 台北市內湖區瑞光路 513 巷 33 號 8 樓
傳訊｜ TEL:8797-1234　FAX:8797-1688　網址｜ www.suncolor.com.tw
郵政劃撥｜ 帳號：14319060　戶名：三采文化股份有限公司
本版發行｜ 2019 年 1 月 29 日　定價｜ NT$400